崛起职业教育的灵魂
——工匠精神

刘引涛 著

西安

图书在版编目(CIP)数据

崛起职业教育的灵魂：工匠精神 / 刘引涛著. —西安：西北工业大学出版社,2020.12
ISBN 978-7-5612-6928-2

Ⅰ.①崛… Ⅱ.①刘… Ⅲ.①职业道德-教学研究-高等职业教育 Ⅳ.①B822.9

中国版本图书馆 CIP 数据核字(2020)第 068349 号

JUEQI ZHIYE JIAOYU DE LINGHUN——GONGJIANG JINGSHEN
崛 起 职 业 教 育 的 灵 魂 —— 工 匠 精 神

责任编辑：付高明	策划编辑：付高明
责任校对：李文乾	装帧设计：李　飞

出版发行：西北工业大学出版社
通信地址：西安市友谊西路 127 号　　邮编：710072
电　　话：(029)88491757，88493844
网　　址：www.nwpup.com
印　刷　者：西安日报社印务中心
开　　本：787 mm×1 092 mm　　1/16
印　　张：10.375
字　　数：262 千字
版　　次：2020 年 12 月第 1 版　　2020 年 12 月第 1 次印刷
定　　价：58.00 元

如有印装问题请与出版社联系调换

前　言

习近平同志在中国共产党第十九次全国代表大会报告中指出，建设知识型、技能型、创新型劳动者大军，弘扬劳模精神和工匠精神，营造劳动光荣的社会风尚和精益求精的敬业风气。同时还指出，完善职业教育和培训体系，深化产教融合、校企合作。在2017年"两会"上，"工匠精神"被写进了《政府工作报告》。国务院在《关于印发〈中国制造2025〉的通知》中，提出了实现制造业强国战略等。新型工业化道路的战略选择、制造业强国战略，对职业教育校企深度合作、协同育人提出了强烈要求与期盼。

笔者以承担的陕西高等教育教学改革研究项目重点课题"基于'工匠精神'的校企合作协同育人机制的研究与实践"（编号：17ZZ006）为依托，结合自身工作实际和赴国（境）外访问学习经历，立足高等职业教育发展实际，以网络调查、问卷调查及走访等形式，从企业、院校、学生三个层面调研了校企合作过程中对培养"工匠精神"的技术技能人才的关键要素，分析了影响基于"工匠精神"校企合作培养技术技能人才的关键环节及因素，形成了高等职业教育"工匠精神"人才培养调研报告，并探索了研究基于"工匠精神"的校企合作协同育人背景下高等职业教育发展过程中的模式、机制和途径。书中有笔者从事职业教育以来的随感和教育教学的研究成果，也有总结分析省内部分高职院校在基于"工匠精神"方面的校企合作案例，以此弘扬"工匠精神"。

基于"工匠精神"的高等职业教育人才培养，不是现在才有的，而是黄炎培老先生提出"手脑并用""做学合一""理论与实际并行""知识与技能并重"的职业教育教学原则后，我们一直遵循的人才培养原则。

本书作者单位是陕西工业职业技术学院、西部现代职业教育研究院。本书内容共分为八部分：第一部分介绍工匠精神的国家战略；第二部分介绍工匠精神的国外样本；第三部分是工匠精神的研究现状与背景分析；第四部分是校企合作协同育人机制研究；第五部分是院校体制机制运行研究；第六部分是学生工匠精神培育路径研究；第七部分是国外工匠精神培育研究；第八部分是陕西工业职业技术学院工匠精神培育案例选编。

在本书写作过程中，笔者参阅了相关文献、资料，在此，谨向相关作者深致谢忱。

著　者

2020年11月

目　　录

第一部分　工匠精神的国家战略 ·· 1
　一、《中国制造 2025》经济分析 ·· 1
　二、工匠精神的国家战略 ·· 7

第二部分　工匠精神的国外样本 ·· 15
　一、瑞士工匠精神的启示 ·· 15
　二、德国工匠精神的启示 ·· 16
　三、日本工匠精神的启示 ·· 17
　四、美国工匠精神的启示 ·· 18

第三部分　工匠精神的研究现状与背景分析 ·· 20
　一、研究现状 ·· 20
　二、研究背景 ·· 21
　三、核心概念 ·· 21
　四、研究目标 ·· 22
　五、研究内容 ·· 23
　六、基于"工匠精神"的校企合作协同育人的必要性 ··· 25
　七、基于"工匠精神"的校企合作协同育人的价值标准 ··· 26
　八、产教融合与工匠精神的互联运行模式 ··· 27
　九、解决的教学问题 ·· 27
　十、人才培养综合评价指标体系 ··· 28

第四部分　校企合作协同育人机制研究 ·· 30
　一、"工匠精神"的校企合作协同办学机制研究 ·· 30
　二、以"混合所有制办学"为突破口探索职业院校的新型体制形式 ····················· 31
　三、探索基于"工匠精神"的校企合作育人模式的构建和运行 ··························· 31

第五部分　院校体制机制运行研究 ··· 33
　一、高等职业教育教学质量监控与保障体系的研究 ·· 33
　二、规范校企合作中实训环节 ··· 37
　三、校企合作中高职毕业设计创新机制研究与实践 ··· 40
　四、职业教育课程开发模式的探索与实践 ·· 42

· I ·

第六部分　学生工匠精神培育路径研究 ··· 46
一、创新创业教育是高职教育人才培养过程中培养工匠精神的重要环节 ············ 46
二、构建与专业教育深度融合的创新创业教育体系是关键环节 ···················· 47
三、高等职业院校创新创业教育改革是实施工匠精神的关键途径 ·················· 47

第七部分　国外工匠精神培育研究 ··· 49
一、新加坡"技能创前程计划"对我国推行终身职业技能培训制度的启示 ·········· 49
二、新加坡持续教育与培训体制的探析与启示 ······································ 53
三、基于普通(技术)课程的新加坡中学教育模式探析 ······························ 56
三、德国应用科技大学课程与教学体系探析与启示 ·································· 57

第八部分　陕西工业职业技术学院工匠精神培育案例选编 ························· 61
一、实施教师工匠三大工程 ·· 61
二、实施学生工匠五大工程 ·· 64

附录：基于"工匠精神"的校企合作协同育人机制的研究与实践调研报告 ············· 112

参考文献 ··· 159

第一部分　工匠精神的国家战略

一、《中国制造2025》经济分析

制造业，即工业制造，是指对制造资源（物料、能源、设备、工具、资金、技术、信息和人力等），按照市场要求，通过制造过程，转化为可供人们使用和利用的工业品与生活消费品的行业。制造业是国民经济的主体，是立国之本、兴国之器、强国之基。18世纪中叶开启工业文明以来，世界强国的兴衰史和中华民族的奋斗史一再证明，没有强大的制造业，就没有国家和民族的强盛。打造具有国际竞争力的制造业，是我国提升综合国力、保障国家安全、建设世界强国的必由之路。

新中国成立之初，百废待兴，在党和国家的强烈号召和引领下，全国上下各行各业，轰轰烈烈拉开了中华民族崛起于复兴之幕。尤其是改革开放以来，我国经济、文化、医疗、教育等方面都取得了举世瞩目的巨大发展与进步。我国的制造业在此期间也持续快速地发展，形成了门类齐全、体系完整的产业结构，有效地加快了我国工业化和现代化进程，使我国从一穷二白的落后国家迅速跻身世界工业大国行列。然而，我国制造业虽然规模庞大，但是在自主研发、创新创业、节能减排、质量效益、产业结构水平、智能化生产等方面，距离制造强国还有很大差距，产业结构调整与改革任务艰巨而紧迫。

全球科技革命的加速发展和国际产业分工格局的重塑，是当前我国面临的一个重大历史机遇，与我国产业结构调整与加快经济发展方式形成历史性交汇。按照"四个全面"战略布局，必须牢牢把握这个历史机遇，实施制造强国战略，加强统筹规划和前瞻部署，深化产业改革，调整产业结构，力争通过30年奋斗，实现我国制造业发展从"制造大国"向"制造强国"的迈进，成为世界制造业的弄潮儿，实现中华民族的伟大复兴。

正是在这样的历史背景和发展需求的前提下，2015年3月5日，李克强总理在全国"两会"上作《政府工作报告》时首次提出实施"中国制造2025"，坚持创新驱动、智能转型、强化基础、绿色发展，加快从制造大国转向制造强国。同年5月，国务院正式印发了我国实施制造强国战略的第一个10年行动纲领，即《中国制造2025》。

（一）"中国制造2025"酝酿与形成的背景

"中国制造2025"的提出是社会经济发展全球化、信息化对我国制造业发展提出的必然要求，是完成中华民族伟大复兴的中国梦对我国制造业发展的必然要求，是全球共荣和历史发展赋予我国的阶段性使命。

1.全球制造业格局面临重大调整

随着信息技术与制造业深度融合,全球制造业正在掀起一轮翻天覆地的革命,不局限于生产技术的革新,整个产业结构、产业形态、产业价值取向、商业服务模式都面临重大调整,日新月异,新的经济增长点不断形成。世界各国都不断加大技术革新的力度,在互联网、云计算、大数据、三维(3D)打印、新能源、新材料等许多高尖端技术方面不断取得突破。制造业的制造方式从自动化逐渐朝着智能化升级,制造业的价值理念也逐渐被协同化合作设计、精准化连锁管理、大规模个性化服务等新的价值理念占领,各种智能终端产品在人们的衣、食、住、行等方面也不断深入,开拓新的应用领域。

各个国家之间不断在制造业领域相互竞争,许多发达国家提出并实施"再工业化"战略。由德国联邦教研部与联邦经济技术部联手资助,在德国工程院、弗劳恩霍夫协会、西门子公司等德国学术界和产业界的建议和推动下,2013年4月的汉诺威工业博览会上,德国政府提出"工业4.0"战略,旨在提高德国工业的竞争力,在新一轮工业革命中占领先机。该战略已经得到德国科研机构和产业界的广泛认同,"工业4.0"迅速成为德国的另一个标签,并在全球范围内引发了新一轮的工业转型竞赛。一些发展中国家也积极部署,参与国际产业调整,开拓国际市场空间。在发达国家和发展中国家的"双向挤压"下,作为世界制造大国,我国必须加快改革步伐,积极部署调整,迎接挑战,抓住机遇,抢先占领制造业全球化竞争的战略要地和制高点。

2.我国经济发展环境发生重大变化

信息化技术逐渐惠及全民、城镇化改造有条不紊地推进、农业现代化迅速推广、新型工业化稳步启动,人民的生活水平、国家经济水平、医疗教育条件、国防实力等都取得了很大提高,同时提出了更高、更细、更强的需求。这些新的内部需求和全球市场的不断开放,给我国的制造业的发展水平和能力提出了新的要求与挑战。资源紧张与利用率不高的矛盾、环境恶化与粗放生产的矛盾、人们生产生活的高标准与产品低质量之间的矛盾、市场竞争与运行成本之间的矛盾,等等。在这些日益突出的矛盾下,制造业的升级转型势在必行,迫在眉睫。形成经济增长新动力,塑造国际竞争新优势,重点在制造业,难点在制造业,出路也在制造业。

3.建设制造强国任务艰巨而紧迫

近几十年的快速发展,使我国得以位居世界制造业第一大国的地位。随着技术的不断革新,我国制造业的水平也在大幅提升,在航天、航海、卫星、超级计算机、深海石油勘探、超大型发电装备等方面获得了享誉世界的重大突破。但是整体实力与发达国家还有明显差距,大而不强,缺乏自主创新,品牌档次不高,资源浪费和环境污染等问题突出,高端制造业和生产服务滞后,工业信息化、产业国际化、运营全球化方面均显不足。实现制造强国,必须重点着手解决这些问题,加强统筹,合理规划,开放政策,全员驱动,努力拼搏,自主创新,依靠独立的中国装备、中国品牌,实现中国制造向中国创造的转变,中国速度向中国质量的转变,中国产品向中国品牌的转变,完成中国制造由大变强的战略任务。

(二)《中国制造2025》的战略方针和目标

《中国制造2025》战略以制造业创新发展为主题,以提质增效为中心,以加快新一代信息技术与制造业深度融合为主线,以推进智能制造为主攻方向,以满足经济社会发展和国防建设对重大技术装备的需求为目标,强化工业基础能力,提高综合集成水平,完善多层次、多类型人才培养体系,促进产业转型升级,培育有中国特色的制造文化,实现制造业由大变强的历史跨越。基本方针是创新驱动,质量为先,绿色发展,结构优化,人才为本。基本原则是市场主导,政府引导;立足当前,着眼长远;整体推进,重点突破;自主发展,开放合作。

以实现制造强国为战略目标,《中国制造2025》是第一步,力争再用10年的努力迈入制造强国行列。到2020年,基本实现工业化,掌握一批重点领域关键核心技术,制造业质量和数字化、网络化、智能化水平取得明显进步,重点行业单位工业增加值能耗、物耗及污染物排放明显下降。到2025年,制造业整体素质大幅提升,创新能力显著增强,全员劳动生产率明显提高,两化(工业化和信息化)融合迈上新台阶。重点行业单位工业增加值能耗、物耗及污染物排放达到世界先进水平。形成一批具有较强国际竞争力的跨国公司和产业集群,在全球产业分工和价值链中的地位明显提升。

(三)《中国制造2025》的战略任务和重点

实现制造强国的战略目标,必须坚持问题导向,统筹谋划,突出重点;必须凝聚全社会共识,加快制造业转型升级,全面提高发展质量和核心竞争力。

1. 提高国家制造业创新能力

完善以企业为主体、市场为导向、政产学研用相结合的制造业创新体系。围绕产业链部署创新链,围绕创新链配置资源链,加强关键核心技术攻关,加速科技成果产业化,提高关键环节和重点领域的创新能力。大力推进制造业创新中心(工业技术研究基地)建设工程,围绕重点行业转型升级、信息技术、智能制造、新材料、新能源、生物医药等领域,加强标准体系建设,强化知识产权运用。到2020年,重点形成15家左右制造业创新中心(工业技术研究基地),力争到2025年形成40家左右制造业创新中心(工业技术研究基地)。

2. 推进信息化与工业化深度融合

加快推动新一代信息技术与制造技术融合发展,把智能制造作为两化深度融合的主攻方向;着力发展智能装备和智能产品,推进生产过程智能化,培育新型生产方式,全面提升企业研发、生产、管理和服务的智能化水平。重点发展智能制造工程,建设重点领域智能制造工厂,推广智能化管理、智能化服务,建立智能制造标准体系和网络系统平台。到2020年,制造业重点领域智能化水平显著提升,试点示范项目运营成本降低30%,产品生产周期缩短30%,不良品率降低30%。到2025年,制造业重点领域全面实现智能化,试点示范项目运营成本降低50%,产品生产周期缩短50%,不良品率降低50%。

3. 强化工业基础能力

瞄准我国制造业创新与发展过程中的关键症结,统筹推进"四基"发展,即核心基础零部件(元器件)、先进基础工艺、关键基础材料和产业技术基础的发展,加强"四基"创新能力建设,推动整机企业和"四基"企业协同发展。以工业强基工程为重点,开展示范应用,布局和组建一批"四基"研究中心,完善重点产业技术基础体系。到2020年,40%的核心基础零部件、关键基础材料实现自主保障,受制于人的局面逐步缓解,航天装备、通信装备、发电与输变电设备、工程机械、轨道交通装备、家用电器等产业急需的核心基础零部件(元器件)和关键基础材料的先进制造工艺得到推广应用。到2025年,70%的核心基础零部件、关键基础材料实现自主保障,80种标志性先进工艺得到推广应用,部分达到国际领先水平,建成较为完善的产业技术基础服务体系,逐步形成整机牵引和基础支撑协调互动的产业创新发展格局。

4. 加强质量品牌建设

提升质量控制技术,完善质量管理机制,夯实质量发展基础,优化质量发展环境,努力实现制造业质量大幅提升。鼓励企业追求卓越品质,形成具有自主知识产权的名牌产品,不断提升企业品牌价值和中国制造整体形象。建设重点产品标准符合性认定平台,推动重点产品技术、安全标准全面达到国际先进水平。组织攻克一批长期困扰产品质量提升的关键共性质量技术,加强可靠性设计、试验与验证技术开发应用,健全产品质量标准体系、政策规划体系和质量管理法律法规。加强关系民生和安全等重点领域的行业准入与市场退出管理。完善检验检测技术保障体系,建设一批高水平的工业产品质量控制和技术评价实验室、产品质量监督检验中心,鼓励建立专业检测技术联盟。建设品牌文化,引导企业增强以质量和信誉为核心的品牌意识,树立品牌消费理念,提升品牌附加值和软实力。加速我国品牌价值评价国际化进程,充分发挥各类媒体作用,加大中国品牌宣传推广力度,树立中国制造品牌良好形象。

5. 全面推行绿色制造

加大先进节能环保技术、工艺和装备的研发力度,加快制造业绿色改造升级;积极推行低碳化、循环化和集约化,提高制造业资源利用效率;强化产品全生命周期绿色管理,努力构建高效、清洁、低碳、循环的绿色制造体系。以绿色制造工程为引领,制定绿色产品、绿色工厂、绿色园区、绿色企业标准体系,开展绿色评价。到2020年,建成千家绿色示范工厂和百家绿色示范园区,部分重化工行业能源资源消耗出现拐点,重点行业主要污染物排放强度下降20%。到2025年,制造业绿色发展和主要产品单耗达到世界先进水平,绿色制造体系基本建立。

6. 大力推动重点领域突破发展

瞄准新一代信息技术、高端装备、新材料、生物医药等战略重点,引导社会各类资源集聚,推动优势和战略产业快速发展。高端装备创新工程,组织实施大型飞机、航空发动机及燃气轮机、民用航天、智能绿色列车、节能与新能源汽车、海洋工程装备及高技术船舶、智能电网成套装备、高档数控机床、核电装备、高端诊疗设备等一批创新和产业化专项、重大工程。开发一批标志性、带动性强的重点产品和重大装备,提升自主设计水平和系统集成能力,突破共性关键技术与工程化、产业化瓶颈,组织开展应用试点和示范,提高创新发展能力和国际竞争力,抢占竞争制高点。到2020年,上述领域实现自主研制及应用。到2025年,自主知识产权高端装备市场占有率大幅提升,核心技术对外依存度明显下降,基础配套能力显著增强,重要领域装备达到国际领先水平。

7. 深入推进制造业结构调整

推动传统产业向中高端迈进,逐步化解过剩产能,促进大企业与中小企业协调发展,进一步优化制造业布局。研究制定重点产业技术改造投资指南和重点项目导向计划,吸引社会资金参与,优化工业投资结构。围绕两化融合、节能降耗、质量提升、安全生产等传统领域改造,推广应用新技术、新工艺、新装备、新材料,提高企业生产技术水平和效益。加强和改善宏观调控,按照"消化一批、转移一批、整合一批、淘汰一批"的原则,分业分类施策,有效化解产能过剩矛盾。引导大企业与中小企业通过专业分工、服务外包、订单生产等多种方式,建立协同创新、合作共赢的协作关系。推动建设一批高水平的中小企业集群。按照新型工业化的要求,改造提升现有制造业集聚区,推动产业集聚向产业集群转型升级。建设一批特色和优势突出、产业链协同高效、核心竞争力强、公共服务体系健全的新型工业化示范基地。

8. 积极发展服务型制造和生产性服务业

加快制造与服务的协同发展,推动商业模式创新和业态创新,促进生产型制造向服务型制造转变。大力发展与制造业紧密相关的生产性服务业,推动服务功能区和服务平台建设。研究制定促进服务型制造发展的指导意见,实施服务型制造行动计划。开展试点示范,引导和支持制造业企业延伸服务链条,从主要提供产品制造向提供产品和服务转变。鼓励制造业企业增加服务环节投入,发展个性化定制服务、全生命周期管理、网络精准营销和在线支持服务等。加快发展研发设计、技术转移、创业孵化、知识产权、科技咨询等科技服务业,发展壮大第三方物流、节能环保、检验检测认证、电子商务、服务外包、融资租赁、人力资源服务、售后服务、品牌建设等生产性服务业,提高对制造业转型升级的支撑能力。建设和提升生产性服务业功能区,重点发展研发设计、信息、物流、商务、金融等现代服务业,增强辐射能力。依托制造业集聚区,建设一批生产性服务业公共服务平台。

9. 提高制造业国际化发展水平

统筹利用两种资源、两个市场,实行更加积极的开放战略,将引进来与走出去更好结合,拓展新的开放领域和空间,提升国际合作的水平和层次,推动重点产业国际化布局,引导企业提高国际竞争力。引导外资投向新一代信息技术、高端装备、新材料、生物医药等高端制造领域,鼓励境外企业和科研机构在我国设立全球研发机构。支持发展一批跨国公司,通过全球资源利用、业务流程再造、产业链整合、资本市场运作等方式,加快提升核心竞争力。支持企业在境外开展并购和股权投资、创业投资,建立研发中心、实验基地和全球营销及服务体系;依托互联网开展网络协同设计、精准营销、增值服务创新、媒体品牌推广等,建立全球产业链体系,提高国际化经营能力和服务水平。鼓励优势企业加快发展国际总承包、总集成。引导企业融入当地文化,增强社会责任意识,加强投资和经营风险管理,提高企业境外本土化能力。积极参与和推动国际产业合作,贯彻落实丝绸之路经济带和21世纪海上丝绸之路等重大战略部署,加快推进与周边国家互联互通基础设施建设,深化产业合作。发挥沿边开放优势,在有条件的国家和地区建设一批境外制造业合作园区。坚持政府推动、企业主导,创新商业模式,鼓励高端装备、先进技术、优势产能向境外转移。加强政策引导,推动产业合作由加工制造环节为主向合作研发、联合设计、市场营销、品牌培育等高端环节延伸,提高国际合作水平。

(四)《中国制造2025》战略支撑与保障

建设制造强国,必须发挥制度优势,动员各方面力量,进一步深化改革,完善政策措施,建立灵活高效的实施机制,营造良好环境;必须培育创新文化和中国特色制造文化,推动制造业由大变强。

1. 深化体制机制改革

全面推进依法行政,加快转变政府职能,创新政府管理方式,加强制造业发展战略、规划、政策、标准等制定和实施,强化行业自律和公共服务能力建设,提高产业治理水平。简政放权,深化行政审批制度改革,规范审批事项,简化程序,明确时限;适时修订政府核准的投资项目目录,落实企业投资主体地位。完善政产学研用协同创新机制,改革技术创新管理体制机制和项目经费分配、成果评价和转化机制,促进科技成果资本化、产业化,激发制造业创新活力。加快生产要素价格市场化改革,完善主要由市场决定价格的机制,合理配置公共资源;推行节能量、碳排放权、排污权、水权交易制度改革,加快资源税从价计征,推动环境保护费改税。深化国有企业改革,完善公司治理结构,有序发展混合所有制经济,进一步破除各种形式的行业垄断,取消对非公有制经济的不合理限制。稳步推进国防科技工业改革,推动军民融合深度发展。健全产业安全审查机制和法规体系,加强关系国民经济命脉和国家安全的制造业重要领域投融资、并购重组、招标采购等方面的安全审查。

2. 营造公平竞争市场环境

深化市场准入制度改革,实施负面清单管理,加强事中事后监管,全面清理和废止不利于全国统一市场建设的政策措施。实施科学规范的行业准入制度,制定和完善制造业节能节地节水、环保、技术、安全等准入标准,加强对国家强制性标准实施的监督检查,统一执法,以市场化手段引导企业进行结构调整和转型升级。切实加强监管,打击制售假冒伪劣行为,严厉惩处市场垄断和不正当竞争行为,为企业创造良好生产经营环境。加快发展技术市场,健全知识产权创造、运用、管理、保护机制。完善淘汰落后产能工作涉及的职工安置、债务清偿、企业转产等政策措施,健全市场退出机制。进一步减轻企业负担,实施涉企收费清单制度,建立全国涉企收费项目库,取缔各种不合理收费和摊派,加强监督检查和问责。推进制造业企业信用体系建设,建设中国制造信用数据库,建立健全企业信用动态评价、守信激励和失信惩戒机制。强化企业社会责任建设,推行企业产品标准、质量、安全自我声明和监督制度。

3. 健全多层次人才培养体系

加强制造业人才发展统筹规划和分类指导,组织实施制造业人才培养计划,加大专业技术人才、经营管理人才和技能人才的培养力度,完善从研发、转化、生产到管理的人才培养体系。以提高现代经营管理水平和企业竞争力为核心,实施企业经营管理人才素质提升工程和国家中小企业银河培训工程,培养造就一批优秀企业家和高水平经营管理人才。以高层次、急需紧缺专业技术人才和创新型人才为重点,实施专业技术人才知识更新工程和先进制造卓越工程师培养计划,在高等学校建设一批工程创新训练中心,打造高素质专业技术人才队伍。强化职业教育和技能培训,引导一批普通本科高等学校向应用技术类高等学校转型,建立一批实训基地,开展现代学徒制试点示范,形成一支门类齐全、技艺精湛的技术技能人才队伍。鼓励企业与学校合作,培养制造业急需的科研人员、技术技能人才与复合型人才,深化相关领域工程博士、硕士专业学位研究生招生和培养模式改革,积极推进产学研结合。加强产业人才需求预测,完善各类人才信息库,构建产业人才水平评价制度和信息发布平台。建立人才激励机制,加大对优秀人才的表彰和奖励力度。建立完善制造业人才服务机构,健全人才流动和使用的体制机制。采取多种形式选拔各类优秀人才重点是专业技术人才到国外学习培训,探索建立国际培训基地。加大制造业引智力度,引进领军人才和紧缺人才。

4. 完善中小微企业政策

落实和完善支持小微企业发展的财税优惠政策,优化中小企业发展专项资金使用重点和方式。发挥财政资金杠杆撬动作用,吸引社会资本,加快设立国家中小企业发展基金。支持符合条件的民营资本依法设立中小型银行等金融机构,鼓励商业银行加大小微企业金融服务专营机构建设力度,建立完善小微企业融资担保体系,创新产品和服务。加快构建中小微企业征信体系,积极发展面向小微企业的融资租赁、知识产权质押贷款、信用保险保单质押贷款等。建设完善中小企业创业基地,引导各类创业投资基金投资小微企业。鼓励大学、科研院所、工程中心等对中小企业开放共享各种实(试)验设施。加强中小微企业综合服务体系建设,完善中小微企业公共服务平台网络,建立信息互联互通机制,为中小微企业提供创业、创新、融资、咨询、培训、人才等专业化服务。

5. 进一步扩大制造业对外开放

深化外商投资管理体制改革,建立外商投资准入前国民待遇加负面清单管理机制,落实备案为主、核准为辅的管理模式,营造稳定、透明、可预期的营商环境。全面深化外汇管理、海关监管、检验检疫管理改革,提高贸易投资便利化水平。进一步放宽市场准入,修订钢铁、化工、船舶等产业政策,支持制造业企业通过委托开发、专利授权、众包众创等方式引进先进技术和高端人才,推动利用外资由重点引进技术、资金、设备向合资合作开发、对外并购及引进领军人才转变。加强对外投资立法,强化制造业企业走出去法律保障,规范企业境外经营行为,维护企业合法权益。探索利用产业基金、国有资本收益等渠道支持高铁、电力装备、汽车、工程施工等装备和优势产能走出去,实施海外投资并购。加快制造业走出去支撑服务机构建设和水平提升,建立制造业对外投资公共服务平台和出口产品技术性贸易服务平台,完善应对贸易摩擦和境外投资重大事项预警协调机制。

6. 健全组织实施机制

成立国家制造强国建设领导小组,由国务院领导同志担任组长,成员由国务院相关部门和单位负责同志担任。领导小组主要职责是统筹协调制造强国建设全局性工作,审议重大规划、重大政策、重大工程专项、重大问题和重要工作安排,加强战略谋划,指导部门、地方开展工作。领导小组办公室设在工业和信息化部,承担领导小组日常工作。设立制造强国建设战略咨询委员会,研究制造业发展的前瞻性、战略性重大问题,对制造业重大决策提供咨询评估。支持包括社会智库、企业智库在内的多层次、多领域、多形态的中国特色新型智库建设,为制造强国建设提供强大智力支持。建立《中国制造2025》任务落实情况督促检查和第三方评价机制,完善统计监测、绩效评估、动态调整和监督考核机制。建立《中国制造2025》中期评估机制,适时对目标任务进行必要调整。各地区、各部门要充分认识建设制造强国的重大意义,加强组织领导,健全工作机制,强化部门协同和上下联动。各地区要结合当地实际,研究制定具体实施方案,细化政策措施,确保各项任务落实到位。工业和信息化部要会同相关部门加强跟踪分析和督促指导,重大事项及时向国务院报告。

二、工匠精神的国家战略

党的十九大报告中提出"建设知识型、技能型、创新型劳动者大军,弘扬劳模精神和工匠精神,营造劳动光荣的社会风尚和精益求精的敬业风气"。报告中的"工匠精神",既是指一种职业精神,又是职业道德、职业能力、职业品质的体现,是从业者的一种职业价值取向和行为表现。

当前,我国正处在从工业大国向工业强国迈进的关键时期,培育和弘扬严谨认真、精益求精、追求完美的工匠精神,对于建设制造强国具有重要意义。为此,要以树匠心、育匠人、出精品为抓手,大力弘扬工匠精神,为推进中国制造的"品质革命"提供源源不断的动力。

(一)习近平总书记提起"工匠精神"

2014年6月24日,习近平同志在全国职业教育工作会议召开之前明确指出,职业教育是国民教育体系和人力资源开发的重要组成部分,是广大青年打开通往成功成才大门的重要途径,肩负着培养多样化人才、传承技术技能、促进就业创业的重要职责,必须高度重视、加快发展。

2016年3月4日,习近平总书记在全国政协十二届四次会议民建、工商联界委员联组会上的重要讲话,让浙江省企业家豁然开朗。习近平总书记讲话激励广大浙商,以工匠精神谋创新求、转型。

2017年6月22日,习近平总书记在山西省考察企业,强调发扬工匠精神。太原重工轨道交通设备有限公司车轮车间机声隆隆,热轧生产线上的钢坯烧得通红。总书记沿着高空走廊察看高铁车轮生产流程,了解企业提升轨道交通装备研发、设计、制造能力的情况。习近平还考察了盾构机生产装备情况,观看了山西省自主创新成果展示。在山西钢科碳材料有限公司,总书记同职工亲切交流,勉励他们发扬工匠精神,为"中国制造"做出更大贡献。

在甘肃张掖市山丹县,有一座富有故事、颇有渊源的学校——山丹培黎学校。

山丹培黎学校由新西兰籍国际友人路易·艾黎1942年创办于陕西,后迁至甘肃,校名"培黎"取自"为中国的黎明培育新人"。秉持着"手脑并用、创造分析"的教育理念,培黎学校为中国培养了一批又一批技术人才。2019年8月20日,习近平同志在张掖市考察山丹培黎学校现代制造技术实训室,观看职业技能实训,同师生亲切交流。

习近平专程来到这里考察。教学楼里,身着蓝色工作服的学生进行技能实训,习近平一边观看,一边同师生亲切交流。他强调,实体经济是我国经济的重要支撑,做强实体经济需要大量技能型人才,需要大力弘扬工匠精神,发展职业教育前景广阔、大有可为。

习近平十分重视青年工作,常常鼓励青年追求梦想、努力奋斗。在山丹培黎学校,他勉励同学们专心学习,掌握更多实用技能,努力成为对国家有用、为国家所需的人才。

新华社北京9月23日电,中共中央总书记、国家主席、中央军委主席习近平近日对我国技能选手在第45届世界技能大赛上取得佳绩作出重要指示,向我国参赛选手和从事技能人才培养工作的同志们致以热烈祝贺。

习近平强调,劳动者素质对一个国家、一个民族的发展至关重要。技术工人队伍是支撑中国制造、中国创造的重要基础,对推动经济高质量发展具有重要作用。要健全技能人才培养、使用、评价、激励制度,大力发展技工教育,大规模开展职业技能培训,加快培养大批高素质劳动者和技术技能人才。要在全社会弘扬精益求精的工匠精神,激励广大青年走技能成才、技能报国之路。

(二)李克强总理提起"工匠精神"

2016年12月14日,语言文字规范类刊物《咬文嚼字》公布2016年十大流行语,"工匠精神"入选。2016年,李克强同志在政务、经济、文化、工业生产、教育等不同领域20多次提起"工匠精神"。

2016年3月5日,李克强同志代表国务院向全国人大十二届四次会议作政府工作报告,提出鼓励企业开展个性化定制、柔性化生产,培育精益求精的工匠精神,增品种、提品质、创品牌。

2016年3月29日,李克强在全国推进简政放权放管结合优化服务改革电视电话会议上发表重要讲话,提出要以壮士断腕的决心和工匠精神,抓好"放管服"改革实施,严格责任落实,用实实在在的成果推动国家发展、增进人民福祉。

2016年3月29日,李克强对第二届中国质量奖颁奖大会作出重要批示,要弘扬工匠精神,勇攀质量高峰,打造更多消费者满意的知名品牌。

2016年4月1日,李克强就全面实施营改增到国家税务总局、财政部考察并主持召开座谈会,提到:我在今年《政府工作报告》里提出,要"培育精益求精的工匠精神",我们做好营改增的准备实施工作,也要有"工匠精神"。现在距全面实施营改增仅有一个月时间,改革到了关键时刻,要努力让"好钢"用在"刀刃"上,把工作做好做细。同时,我们也要以"工匠精神"精心准备,打好改革的这一仗,让企业切切实实感受到税负"只减不增"。要实现这一目标,就要做大量扎实细致的工作。财政税务和其他部门要加强沟通,发挥好国税和地税两个积极性,还需要做好培训,让工作人员也用"工匠精神"把工作做扎实、做精细,确保改革成效。

2016年4月11日,李克强主持召开部分省(市)政府主要负责人经济形势座谈会,提出"当前国际国内经济形势仍然很复杂,困难与希望同在。政府也要秉承'工匠精神',要把工作做扎实、做精细!"

2016年4月15日,李克强在北京召开高等教育改革创新座谈会并作重要讲话,提出要注重增强学生实践能力,培育工匠精神,践行知行合一,多为学生提供动手机会,提高解决实际问题的能力,助力提升中国产品的质量。

2016年4月24日,李克强在四川省芦山县考察时说,我们国家需要搞普通研究的人,也需要搞专业工作,当高级工匠的人,"后者现在我们国家更需要"。"这个漆为什么会掉?"李克强指着宿舍中同学们所使用的铁架子床问道。有的床架由于日常磨损,某些部位的油漆开始脱落。总理说,也不全是因为它使用的时间长了。这里面有防止掉漆的基础研究没跟上,做工也不够精细,两方面的缺陷导致出现这种情况。李克强说,制作好这些床,不能光靠机器,操作机器的人也要有工匠精神。"工匠也可以成为大师!"李克强语重心长地说,上大学和读高等职业学校,不管走哪条路都可以成为大师。

2016年4月26日,李克强主持召开国务院常务会议,提出生产更多有创意、品质优、受群众欢迎的产品,坚决淘汰不达标产品。

2016年5月11日,李克强主持召开国务院常务会议,提出培育和弘扬精益求精的工匠精神,引导企业树立质量为先、信誉至上的经营理念。

2016年5月18日,李克强主持召开国务院常务会议,提出"搞企业不能'大而化之',必须要用'工匠精神',精益求精推动央企提质增效、焕发生机"。

2016年5月23日,李克强考察东风商用车重卡新工厂时,提出"中国制造"的品质革命,要靠精益求精的工匠精神和工艺创新,其中关键是以客户为中心。

2016年5月25日,李克强出席中国大数据产业峰会暨中国电子商务创新发展峰会,提出我们要将企业家精神和工匠精神有机结合,可以使产品品质和企业效益都有提升,更好地满足消费者对产品和服务的需求;将以大数据为代表的创新意识和传统产业长期孕育的工匠精神相结合,使新旧动能融合发展,并带动改造和提升传统产业。

2016年5月30日,李克强出席全国科技创新大会、两院院士大会、中国科协九大第二次全体会议并发表重要讲话,提出我们把创新精神、企业家精神和工匠精神结合起来,解决"最先一公里"和"最后一公里"问题,打通科技成果转化通道。"要把创新精神、企业家精神和'工匠精神'协同起来,形成社会发展的强大动力。"

2016年6月26日,李克强在天津考察时提出"飞鸽"等老品牌企业承载着几代中国人的历史记忆。要以时不我待的紧迫感加快转型、抢抓机遇,紧贴市场需求,大力弘扬勇于开拓的企业家精神和精益求精的工匠精神。

2016年7月4日,全国国有企业改革座谈会在北京召开,李克强作出批示:弘扬企业家精神和工匠精神,不断创新技术、产品与服务,提高主业的核心竞争力,推动传统产业改造升级。

2016年7月15日,"世界青年技能日"到来之际,李克强作出重要批示:举办"世界青年技能日"活动,就是要营造尊重劳动、崇尚技能的社会氛围,引导广大青年大力弘扬工匠精神,走上技能成长成才之路。

2017年9月8日,李克强考察天津职业技术师范大学,看到大师工作室制作的超精密数控加工零件,他说,我们已有精密制造工艺,但在生产普通日用消费品时总是"差不多就行"。要让工匠精神渗入每件产品的每道工序,无论是大工厂,还是小工厂,乃至小作坊都能生产精细优质的产品,使中国制造不仅物美价廉,而且品质卓越。

(三)工匠精神的政策解读

李克强在2016年《政府工作报告》中首提"工匠精神",国务院常务会新闻通稿中首次使用"品质革命"这一提法。

1. 工匠精神的政策提出

2016年是中国工匠精神的政策元年。《政府工作报告》明确提出:"鼓励企业开展个性化定制、柔性化生产,培育精益求精的工匠精神,增品种、提品质、创品牌。"国务院总理李克强从企业、个人和政务等方面,在多个场合对弘扬和践行工匠精神作出重要指示。

2017年3月5日,在向全国人大所作的《政府工作报告》中,李克强总理进一步指出,"质量之魂,存于匠心。要大力弘扬工匠精神,厚植工匠文化,恪尽职业操守,崇尚精益求精,培育众多'中国工匠',打造更多享誉世界的'中国品牌',推动中国经济发展进入质量时代"。

工匠精神写入《政府工作报告》和《十三五规划纲要》以及李克强总理关于工匠精神的多次重要指示,明确了工匠精神的政策地位,反映了中央政府高度重视工匠精神在中国社会经济转型发展中的重要作用,也为促进中国制造提档升级、由工业大国升级到工业强国、经济发展由数量时代到质量时代的巨大转变提供了工匠精神的价值动力和政策基调。

2019年5月18日,国务院办公厅印发《职业技能提升行动方案(2019—2021年)》(国发〔2019〕24号)(以下简称《方案》),这是当前和今后一个时期大规模开展职业技能培训工作的指导性文件。5月23日,国务院就业工作领导小组召开部署推进职业技能提升行动电视电话会议,对职业技能提升行动进行了安排部署。

《方案》针对当前培训中的一些突出问题,着眼于推动职业技能培训提质升级,明确了一系列政策措施。一是创新培训内容,增强对培训对象的吸引力。培训内容适应市场需求、满足劳动者需要,"岗位需要什么就培训什么"。加强职业技能、通用职业素质和求职能力等综合性培训,将职业道德、职业规范、工匠精神、质量意识、法律意识、安全环保、健康卫生等内容贯穿职业技能培训全过程。二是提高培训层次,扩大培训成果。加大中、高级职业技能培训力度和人群比重,引导劳动者通过培训实现技能等级提升,取得职业资格证书或职业技能等级证书,进而实现职业发展和工资待遇水平提升。三是加强基础建设,提升培训服务能力。支持建设产教融合实训基地和公共实训基地,加强职业训练院建设,积极推进职业技能培训资源共建共享。加强职业技能培训师资、教材建设,推动职业院校和培训机构实行专兼职教师制度,加快职业技能培训教材开发工作。大力推广"工学一体化""职业培训包""互联网+"等先进培训方式,鼓励建设互联网培训平台。四是完善职业培训补贴政策,强化激励引导。在资金供给上,落实、用好、用足现有政策,加大资金统筹力度。同时,落实"放管服"改革要求,既进一步简化补贴申领条件和程序,又注重加强监管,保证资金安全。

2. 社会主义核心价值观与工匠精神

工匠精神反映了中国社会主义核心价值观。无论是对公民敬业与诚信等基本道德素质的要求,还是对国家富强、文明等美好目标的追求,都与工匠精神有着紧密的联系。

3. 中国梦与工匠精神

中国梦的实现在实践层面上离不开一丝不苟、精益求精的工匠精神。国家富强、民族振兴、人民幸福需要强大的经济实力提供保障。而工匠精神的培育与弘扬可以促进生产力的发展,助力产业结构的升级,提高我国综合实力的水平。

4.《中国制造2025》政策与工匠精神

2015年,李克强同志在《政府工作报告》中部署了实施中国制造业的第一个十年行动纲领"中国制造2025"。随后工信部发布了《中国制造2025》规划。

《中国制造2025》可以用"一二三四五五十"的结构来概括。

一个目标,就是从制造业大国向制造业强国转变。

二化融合,就是通过信息化和工业化两化融合发展来实现这一目标。

三个步骤,就是要通过"三步走"的战略实现目标。

四项基本原则,包括市场主导、政府引导;自主发展、开放合作、立足当前、着眼长远;整体推进、重点突破。

五大方针指的是创新驱动、质量为先、绿色发展、结构优化、人才为本。

五项重点工程包括国家制造业创新中心建设、智能制造、工业强基、绿色制造、高端装备创新。

十大重点领域则为新一代信息通信技术产业、高档数控机床和机器人、航空航天装备、海洋工程装备及高技术船舶、轨道交通装备、节能与新能源汽车、电力装备、新材料、生物医药及高性能医疗器械、农业机械装备。

《中国制造2025》与工匠精神:要实现《中国制造2025》战略目标,质量是根本,创新是在质量基础之上的开拓力量。追求精益求精、质量至上的工匠精神是制造业的灵魂和软实力。因此,必须把工匠精神作为以制造强国的战略的精神支柱,才能实现中国由制造大国向制造强国的转变,才能实现中国制造向中国创造的转变。

《中国制造2025》提出的十大重点领域均为高端制造业。要实现"中国制造2025"的战略目标,必须弘扬工匠精神。

5. 供给侧改革政策与工匠精神

2015年,习近平同志在中央财经领导小组第十一次会议首次提出了"供给侧结构性改革"的概念。政府提出了以劳动力、土地、资本、创新四大要素为中心的供给侧改革政策,通过调整经济结构来优化四大要素的配置。明确了"三去一降一补"的五大任务,即去产能、去库存、去杠杆、降成本、补短板。

一方面国内诸多行业产能过剩,库存高企,另一方面高精尖的产业链中间品尚需进口,消费市场的游客海外爆买扫货,充分说明了供给侧改革需要解决高质量产品"供需错位"的问题。

解决这一问题，需要将质量为先、追求精益求精的工匠精神与提高供给体系的质量效率结合起来，通过弘扬工匠精神来推动中国制造业内在品质的深化和升华。

6. "互联网+"政策与工匠精神

"互联网+"通俗地讲就是"互联网+传统行业"，是传统产业依托互联网信息技术，以优化生产要素、更新业务体系、重构商业模式等途径，完成互联网技术与传统产业的深度融合，催生经济社会发展新形态，完成经济转型和升级的一种思想。

2015年，国务院发布了《关于积极推进"互联网+"行动的指导意见》。在"互联网+"时代，将工匠精神与创新创造结合起来，会进一步推动传统企业进行创造性转化，做出完美品质的产品。

7. "大众创业、万众创新"政策与工匠精神

2015年的《政府工作报告》明确将"大众创业、万众创新"的"双创"要求写入当年的国家工作任务中。2015年6月11日，国务院发布了《关于大力推进大众创业万众创新若干政策措施的意见》。

首先，工匠精神有助于准确把握"大众创业、万众创新"的价值理念。创新中要有一以贯之的精神品质，而这种精神品质正是工匠精神的精神品质。创新理念需要工匠精神支撑，工匠精神需要创新理念作为动力。

其次，工匠精神有助于培养"大众创业、万众创新"的合格的主体。就创业者而言，需要有顽强拼搏、不断进取的决心，需要有坚韧不拔、锲而不舍的意志，更需要有精益求精、追求卓越的匠心。

最后，在"双创"的过程中，需要弘扬工匠精神，更好地提升劳动者素质，化解我国对高端技术人才的紧缺问题。

8. "一带一路"政策与工匠精神

"一带一路"倡议为中国制造业海外拓展提供了广泛的区域市场空间。而工匠精神则是中国制造业打造"一带一路"上的海外品牌形象的有力手段，为"匠心筑梦"及"品质革命"注入新的活力和内涵。

(四)专家学者对工匠精神的理解

1. 董志勇(北京大学经济学院院长、教授)

我以为，工匠精神可以概括为四方面：精益求精，具备工匠精神的人，对工艺品质有着不懈追求；持之以恒，具备工匠精神的人拒绝外界纷扰，凭借执着与专注从平凡中脱颖而出；爱岗敬业，这种精神激励着一代代工匠匠心筑梦；守正创新，大国工匠凭借丰富的实践经验和不懈的思考进步，带头实现了一项项工艺革新、牵头完成了一系列重大技术攻坚项目。

弘扬大国工匠精神能够有力推动我国由制造业大国向制造业强国的跃升。如果把提高科技创新水平、强化工业基础能力、提升信息化与工业化融合水平等视为我国制造业转型升级的硬件，那么，一大批产业劳动者身上的大国工匠精神则是必不可少的软件，具备工匠精神的劳动者才是真正的筑梦人。

2. 王晓峰(中华全国总工会宣传教育部部长)

我的理解，工匠精神的内涵有三个关键词：一是敬业，就是对所从事的职业有一种敬畏之心，视职业为自己的生命；二是精业，就是精通自己所从事的职业，技艺精湛，我们熟知的大国

工匠,个个都是身怀绝技的人,在行业细分领域做到国内第一乃至世界第一;三是奉献,就是对所从事的职业有一种担当精神、牺牲精神,耐得住寂寞,守得住清贫,不急功近利、不贪图名利。

3. 吕国泉(中华全国总工会研究室主任)

工匠精神之所以引发强大共鸣,确实是契合了现实需要。培育和弘扬工匠精神将激发广大劳动者的劳动热情,通过诚实劳动来实现人生的梦想、展示自己的人生价值。工匠精神还是推进供给侧结构性改革、实现从制造大国向制造强国转变的重要推手,也是提高职工就业创业能力、实现全面发展的重要动力。

4. 马建堂(原国家行政学院常务副院长,现任国务院发展研究中心党组书记、副主任)

工匠精神是工业革命的伟大推动力量。产业革命历史表明,工匠群体是各行各业的探索家和发明家,是传统技艺和机器生产的嫁接者,是科学技术和工业制造结合的传动轮,是专利制度、公司制度发展的促进者。他们不仅生产了产品,也创新了精神,创造了文明。在新的工业革命浪潮中,工匠精神的作用再一次凸显出来。经过信息技术革命,科技转化为生产力的速度更快。为在新一轮科技革命和产业竞争中占领先机,美国提出了"回归制造业",德国提出了"工业4.0"。制造业版本不管如何升级,最终还是要靠大批有工匠精神的产业工人。

当代的工匠精神,应当是传统和创新、理念和务实、中华文明特色与世界发展大势的有机结合,是一种精益求精、细节出彩的专业精神;一种追求完美、宠辱不惊的专一精神;一种水滴石穿、久久为功的敬业精神;一种物我协调、巧夺天工的和谐精神;一种永不满足、探新求异的创新精神。

5. 冯飞(原为工信部副部长,现任浙江省委常委、常务副省长)

中国的历史上也不乏工匠精神。早在先秦时候,古代的匠人就会把自己的名字刻在青铜器上,这是一种匠人的担当。可是,为什么我们在工匠精神的传承方面出现了断档?有人认为是因为我国工业化进程高度压缩,在超高速度下很难培育和发扬工匠精神。也有人认为在短缺经济下,产品很容易卖掉,所以很难培养工匠精神。这些分析还不能完全站得住脚,还需要进一步分析和思考。

工匠精神是从匠人精神中凝练升华的理念。新时期的工匠精神,基本内涵就是精益求精,追求完美,注重细节,专注专业,摒弃浮躁,不忘初心,爱岗敬业,勇于创新。新时代的工匠精神倡导的是一种职业精神,引导人们树立职业敬畏感,秉持职业操守,恪守职业道德,强调在精益求精、确保品质的前提下,兼顾时间效率。

新时代工匠精神滋养是科学的工业价值观和工业文化,比如,艰苦创业的精神,日新月异的创新精神,千金一诺的诚信精神,敢为人先的企业家精神,合作共赢的共享精神等。这些精神和文化之间是相辅相成、相互促进、相得益彰的。我们看待工匠精神要系统地看,要把工匠精神和其他的工业价值观和工业文化系统结合起来,践行工业价值和文化,使工匠精神成为新常态下推动中国制造"品质革命"的精神动力和力量源泉。

6. 金碚(中国社会科学院学部委员,郑州大学商学院院长)

从工匠精神的基本内涵看,一是精益求精,追求完美,注重细节,不惜花费时间精力,孜孜不倦反复改进产品;二是认真规范,绝不投机取巧,确保每道工序、每个流程都符合质量要求,对产品采取最严格的检测标准,不达要求绝不妥协;三是专注专业,摒弃浮躁、不忘初心,专注于自身领域,绝不停止追求进步,不断提升产品服务;四是爱岗敬业,精益求精的过程不仅是为了获得物质性报酬和社会认同,更重要的是热爱工作、珍惜岗位,以恭敬严肃的态度对待工作;五是勇于创新,工匠精神不是一成不变、守成守旧,而要"百尺竿头更进一步",针对在工作中遇到的实际问题反复改进,找到最好的结果,这个过程本身就是创新的过程。

第二部分　工匠精神的国外样本

国际上，瑞士、德国、日本、美国等职业教育强国，经过长期实践与积累都形成了相对完备的校企合作协同育人机制，形成了著名的"双元制""合作教育""三明治"等。

一、瑞士工匠精神的启示

瑞士钟表，享誉世界。这背后，是瑞士历代钟表工匠们对每一个细小零部件加工的精益求精，这种"工匠精神"早已根植于瑞士钟表业中。钟表业是前工业革命时期最精密的手工行业。瑞士钟表业的"工匠精神"，有赖于这个民族坚定执着的品质。

1. 坚定执着，品质卓越

瑞士的"工匠精神"，正如一块数百个零件精心组成的机械手表那样精益求精。每一块顶级钟表的零部件，都是由钟表工匠们手工精心打磨而成的，一些零部件甚至细如毫发、轻如鸿毛。

第二次世界大战爆发前，全世界90%的手工钟表都来自于自然资源贫瘠的瑞士。20世纪70年代，在更便宜、更轻便的日本石英表的冲击下，瑞士的传统钟表业曾遭遇"寒冬"。时代可以淘汰一种产品，却无法淘汰一种坚定执着的品质。瑞士钟表从业者坚持用"工匠精神"精益求精地制造手工机械表。经历了30多年的转型发展后，瑞士钟表业再次迎来了自己的繁荣时期。

2. 精细严谨，一丝不苟

在瑞士钟表工匠的心目中，只有一丝不苟、精益求精和对完美的极致追求，仿佛每一件顶级钟表产品都是值得传世的作品。

瑞士钟表匠布克曾经说过："一个钟表工匠在不满和愤懑中，要想圆满地完成制作钟表的1200道工序，是不可能的；在对抗和憎恨中，要精确地磨锉出一块钟表所需要的254个零件，更是比登天还难。"正如他所说，制表匠的工作烦琐而枯燥，花一整天打磨一个零件也是再平常不过的事情，如果没有一种平和的心态，是不可能完成的。

3. 开拓创新，精益求精

瑞士之所以成为"钟表之国"，正是因为历代钟表工匠们所秉承的"工匠精神"，既创造了无限商机，更打造出享誉全球的品牌。

在瑞士"工匠精神"中，精髓当属开拓创新。开拓创新的精神与坚定执着的品质并不矛盾，精益求精是坚定执着的必然结果，而开拓创新则为精益求精的制表工艺开辟出更大的发展空间。对于瑞士钟表工匠而言，"只有更好，没有最好"绝非一句空洞的口号。为了追求极致化体验，他们在提升工艺、雕琢产品的道路上不断前行。

二、德国工匠精神的启示

1. 传承守秩序、重理性的传统

一个民族的特性是由这个民族的文化传统所决定的。德国的民族特性更多地来源于普鲁士精神,普鲁士通过三次王朝战争统一德国,也由此铸就了忠诚、服从、守秩序的国民性。德国的法律和制度受罗马成文法的影响很大,特别是力求通过制定法典式和系统化的法律来确保遵守与执行。德国还特别注重行业标准和质量认证体系。100多年来,德国的工业标准化委员会共制定了3.3万个行业标准,其中80%以上为欧洲各国所采纳。意大利人法里纳之所以到德国创业,正是因为德国有着严格的商标保护法律,从而造就了古龙水这个世界品牌。德国人以服从法律为己任,也自觉遵守各种社会规范。

德国之所以能在哲学社会科学、自然科学方面取得非凡的成就,源于德意志民族的理性和思辨精神。德国人给世人展现的是严谨但不僵化的精神。德国人在生活上崇尚节俭,不少德国饭店能够根据顾客需要提供"小份饭"和"儿童量"套餐。德国的很多企业实施弹性工作制,人性化的弹性工作制使得员工能够愉快而高效率地工作。德国法律还规定,员工每年享有最低24天带薪休假权,而且不将病假包括在内,是发达国家中休假最多国家之一。

2. 严谨求实的工匠精神

"德国制造"一直是质量和信誉的代名词。但"德国制造"并非天生高贵,实际上是被逼出来的。德国1871年统一后,作为后起的国家为了追赶老牌强国,曾大量剽窃外国技术,制造假冒伪劣产品。1876年,美国费城世界商品博览会上的德国展品被认为价廉质劣而无人问津。1887年,英国还专门修改《商标法》,规定自德国进口的所有产品都要注明"德国制造",实际上是将其列为劣质产品。之后,德国奋发图强,开始打造"德国制造"的世界品牌,以西门子公司为代表的一批世界级企业脱颖而出。

德国人不相信"物美价廉",信奉"慢工出好活"的工匠精神。企业致力于打造百年老店。全国350万家企业中,90%是"家族企业",家族企业百强中,平均历史都在90年以上。有着300多年历史的迈世勒银行一直坚守"欲速则不达"的祖训,秉持的是"但求最好,不怕最贵"原则。西门子公司的创始人维尔纳·冯·西门子有句名言,"我决不会为了短期利润而牺牲未来"。西门子为了保持其技术领先地位,每年将其销售额的约10%的资金用于研究和开发。德国员工的操守更是其他国家难以企及的,"标准、完美、精准、实用"的文化特征深深地根植于员工内心深处。技工和工程师是十分受人尊敬的职业。彼得·冯·西门子曾说,"人口有8 000万的德国,之所以有2 300多个世界品牌,靠的是德国人的工作态度,是他们对每一项生产技术细节的重视"。正是这种工匠精神,成就了"德国制造"耐用、可靠、安全、精确的形象,也使德国经济能够屹立潮头。

3. "双元制"职业培训体制

德国"双元制"职业培训体制是一种由国家立法支持,学校与企业合作共建的职业培训体制。之所以称为"双元",是指职业培训要经过两个场所,一个是职业学校,主要是传授与职业有关的专业知识;另一个是企业或者公共事业单位。这种"双元制"职业培训,使学生交替在学校和企业学习,在学校学习理论知识,在企业进行实践操作,并将理论学习和实际操作相结合,培养学生的综合能力。按照德国政府相关部门的规定,德国的企业有义务为学生提供职业教育的培训岗位,只有经过这种职业培训的学生才能顺利进入企业工作。

德国的"双元制"职业培训体制实际上就是现代教育与学徒制的有机结合。"双元制"职业培训体制也是对中世纪以来的"学徒制"的借鉴和发展。虽然工业化已经取代传统的小作坊,但工匠精神依然得以延续。这些"学徒"在企业里实际上是跟着有经验的技师学习第一手应用技能,接受的是工匠精神的培养。这种一边上学一边工作的"双元制"培训机制,能真正做到理论联系实际,既能有效掌握工作技能,又培育了职工的技术革新能力。经过这种"双元制"的职业培训的学生,通过努力还可以在取得职业认证资格后成为岗位上的合格技师,有突出贡献者还可以获得"工业大师"称号。如果他们进一步努力,还可以选择到应用科学大学深造,并获得硕士文凭。"双元制"职业培训体制不仅可以为企业输送技术人才,也推动了社会阶层的有序流动。

三、日本工匠精神的启示

1. 打造质量品牌的工匠精髓

从日本工匠精神的内涵可以看出,其对质量的要求、把控都朝着极致的方向发展,几乎从事所有行业的工匠都有着对质量的极度着迷。这一工匠精髓对我国工匠精神的培育打造很有借鉴意义。目前,我国很多行业企业,有一定质量意识,但在质量追求的"度"上还远远不够,市场上大量假冒伪劣产品依然存在,因产品质量问题而导致的失去市场占有率的案例频繁发生。将质量意识深深植入我国工匠的从业准入、职业生涯及再教育过程中不仅必要,而且十分迫切,也非常有利于"中国制造"向"中国精造"转变。

2. 植根民族情怀的工匠底蕴

纵观日本的工匠精神,其有着源远流长的民族传统与习惯。中国有着5 000多年文明历史和悠久的手工业历史,优秀、精美的手工业品饱含着工匠艺人耐心细致、专注执着的理念与功夫,不仅为我国留下了很多交口称赞的传世经典故事,而且铸造了许多举世闻名的手工精品,是最能体现中国工匠质量品质的历史见证。中国传统工匠锻造传承了具有中国特色的匠人之道与工匠精神,推动了中国由农业文明向工业文明的转变,是中国历史发展进程的重要推动力。当代中国工匠精神的培育,绝不能同历史传统与文化血脉相割裂,而是要在不断吸取中国传统优秀工匠精神的基础上,结合当代中国社会发展现实,塑造出具有民族情怀、韵味、体现中国特色的工匠精神。

3. 整合多重要素的培养体系

日本工匠精神的形成,是多主体、多重元素相互作用的结果。除文化传统外,政府的扶持、民间力量的支持、制度体系的建构、资金的投入等均是其工匠精神独步世界的重要推动力。我国工匠精神的培育也不仅仅是制造业(企业)的责任,更需要多重要素共同参与、合作,形成合力,建立整合多重要素的培养体系。

4. 建立性价比高的工匠追求

日本工匠精神优势明显,但也有一定的缺陷,因此导致日本一些行业走向衰落。我国在培养工匠精神时要注意吸取教训,明确并铭记不是为了追求某种极致而去培养工匠精神,而是要使工匠精神为经济、产业和社会发展服务,在追求质量、设计产品等的过程中,要有性价比的概念和观念,要有创新创造的理念,从而使工匠精神在生成及应用过程中始终与时俱进,顺应时代发展潮流,紧跟行业发展趋势,而不致于在后知后觉中"掉队"。

四、美国工匠精神的启示

1. 精益求精的职业精神

工匠精神,在美国被称为"职业精神"。所谓职业精神,就是指在某项具体的工作上几十年如一日精益求精,打造顶级质量的产品。职业精神可以适用于任何领域。

当我们追溯美国创新能力的根源时,有一个无法被忽视的事实——国家中最有影响力的人,美国的开国元勋们,都曾经以工匠的身份改变着美国,改变着整个世界。富兰克林的壁炉、玻璃琴,华盛顿的水利工程,托马斯·杰斐逊的坡地犁,詹姆斯·麦迪逊的内置显微镜手杖……从美国建国之初到今天,工匠精神起起落落,一直伴随着这个国家的成长。

2. 实用主义和标准化

1798年,美国人E.惠特尼首创了生产分工专业化、产品零部件标准化的生产方式,成为"标准化之父"。而美国的经济迅猛发展,也或多或少得益于美国制造行业的标准化意识。虽然标准化是相对机械化大生产过程的产物,但这并不影响美国工匠们对于标准化、专利的追求。

在全球顶级钢琴制造企业美国施坦威公司,80%的工序都还是纯手工制作的。一位合格的钢琴制造师起码需要做三年半的学徒才可以正式工作。在这三年半的时间内,他有1/4的时间是在钢琴制造学校学习,剩余的3/4的时间则在琴厂做手工。施坦威公司相信乐器也是有生命的。钢琴上的每一样材料都要经过非常细致的选择。原先白键要用象牙,黑键用产于非洲的乌木,但后来为了保护野生动物改用化学键。象牙键的优点在于可以吸汗,化学键则耐磨、不变色、寿命长,而且经过不断改进硬度已经很接近象牙了。在木材的选择上也近乎挑剔,木材需要自然干燥三年,然后再电子干燥40～50天。即使这样,最后的利用率还不到40%。另外,钢琴的很多部件用木头制成,气候直接影响钢琴的音色。施坦威公司就在厂房中模拟各种气候,以使其适应。举个例子,如果这架琴是销到非洲的,施坦威公司就会模拟出非洲的热带气候。

实用主义根植于美国社会和文化之中,它作为美国唯一土生土长的哲学和民族精神,以300年前的本杰明·富兰克林为起点,从早期充满冒险的开拓到美国国家的创立,从美国的工商业革命到信息化时代,形成了美国人的生活方式和思维方式。

3. 创新是核心

有专家认为,美国"工匠精神"的核心是创新,优秀的工匠就是别出心裁、不拘一格、自由创造的人。"工匠精神"不仅促成了美国今天的成就,也丰富和发展了美国文化。

提起美国当代的"工匠精神",许多人都会举例迪恩·卡门,他被誉为当代美国最著名的发明家,个人拥有专利超过400项,比如风靡全球的"平衡车"、可以拿起葡萄的仿生机械手臂、能爬楼梯的全自动轮椅等。最受人尊敬的是,迪恩不以利益为创新导向,坚信唯有创造才能让人类有更好的未来,这也是许多美国发明家具备的使命感。

在各类工匠、创客、发明家用自己的创造改变美国社会的同时,美国开放、包容的文化也在反哺"工匠精神"。在美国科学界有一种说法:"美国有能力资助最疯狂的研究。"这在一定程度上揭示了来自全世界优秀研发人员乐意在这片土地上奋斗的原因。作为世界知名的行业巨头，美国IBM公司咨询和服务的收入比重目前已超过其总收入的50%，转型初见成效。企业激励员工自主创新和研发的机制，以及着力培养全球化人才的战略，是IBM保持活力的关键。这种推崇创新的"工匠精神"为美国赢得了全球性的竞争优势。

为在新一轮科技革命和产业竞争中占领先机，美国提出了"回归制造业"战略，并在社区兴办"工匠空间"、开展"工匠运动"，目的就是进一步培养"工匠精神"，重振制造业。

第三部分　工匠精神的研究现状与背景分析

党的十九大明确提出："深化产教融合、校企合作的总体要求"。2017年年底，国务院办公室印发的《关于深化产教融合的若干意见》中从7个方面和30项政策，提出了深化产教融合的具体措施，如何在高等职业教育领域深化产教融合，将工匠精神融入高等职业教育人才培养体系中是我们当前需要研究的重要理论课题。

产教融合、校企合作是职业教育的基础特征，工匠精神是职业教育的基本灵魂。如何实现多方联动，并将企业的技术标准、生产工艺、管理规范、岗位标准引入到人才培养中去，实现政府主导、行业指导、学校主体和企业参与的职业教育综合体，是我们当下需要研究的重要实践课题。

一、研究现状

（一）国外研究现状

国际上，德国、澳大利亚、日本、新加坡、美国等职业教育强国，经过长期实践与积累都形成了相对完善的校企合作协同育人机制，形成了著名的"双元制""合作教育""三明治""TAFE""产学合作""教学工厂"等模式。欧洲的校企合作模式分为需求引导型和供给引导型，欧美及澳大利亚的校企合作分为北欧系统和盎格鲁-撒克逊系统。其中需求引导型和北欧系统的特点是国家拥有强有力的职业培训系统，立法完善，企业责任感强且自我培训能力强大，建立了理想的校企合作人才共育机制；供给引导型和盎格鲁-撒克逊系统的特点则是职业教育地位较低，国家没有完善的法律框架，企业参与培训的义务感弱，与我国当前的校企现状相近。

据统计，在经营超过200年的全球企业中，日本有3 146家，德国有837家，法国有196家，荷兰有222家，而中国企业超过150年历史的仅有5家。这些拥有多家百年企业的国家有一个共同特点，即追求卓越和极致，就是工匠精神。没有工匠精神，即使有先进的技术和设备，也不能保证生产出一流的产品。

（二）国内研究现状

当前，我国的知识型、技能型、创新型技术技能人才缺口很大，尤其是高级技工的比例只有5%。2016年全国的技术技能人才岗位空缺与求职人数之间的比例为2:1。职业教育校企对接不紧密问题严重，严重阻滞我国制造强国目标的实现。《国家中长期教育改革和发展规划纲要（2010—2020年）》等相关文件明确提出了校企合作是创新发展现代职业教育的突破口。习近平同志在党的十九大报告中提出完善职业教育和培训体系，深化产教融合、校企合作。新形势下如何创新校企合作协同育人新模式和运行机制,实现职业教育培养的技术技能人才具有"工匠精神",成为职业教育领域持续研究的问题。

我国职业教育校企合作协同育人工作的理论研究众多,但成熟模式缺乏。国内校企协同育人模式主要有"2+1""订单式""厂中校""校中厂""工作站"等类型。众多的理论概念的研究并未从根本上解决校企合作两张皮、一头热的普遍现象。究其根本原因,是机制建设的问题。为了推进职业教育校企合作,2010年,根据《国务院办公厅关于开展国家教育体制改革试点的通知》的文件精神,国家遴选了陕西等15个省市进行"探索职业教育集团化办学模式"试点。然而,这一系列改革措施并未真正解决职业教育校企合作模式单一、运行机制不顺畅、内涵层次低等问题。

(三)陕西省研究现状

陕西作为职业教育大省,长期致力于职业教育校企合作的研究与实践工作。尤其是2011年以来,全省22所中高职院校积极投身"探索职业教育集团化办学模式"试点工作,全方位开展校企合作,进行课题研究、成立职教集团、举办校企高峰论坛、起草相关法律文件,历时6年,成立职教集团23家,吸纳职业院校332所、企业组织555家、行业协会和科研机构96个,基本覆盖了陕西省的主要产业领域,为后续工作的开展积累了许多经验。但这些改革措施并未真正调动起行业企业参与职业教育的积极性,学校一头热、两张皮的现状并无根本改观。

二、研究背景

党的十八大报告提出了到2020年要基本实现工业化的宏伟目标;2014年《国务院关于加快发展现代职业教育的决定》在总体目标上特别强调了校企合作、产教融合在建设现代职业教育体系中的地位和作用;在2017年"两会"上"工匠精神"被写进了《政府工作报告》;《国务院关于印发〈中国制造2025〉的通知》,又提出了实现制造业强国战略等。新型工业化道路的战略选择、制造业强国战略,对职业教育校企深度合作协同育人提出了强烈要求与期盼。

2019年3月28日,"大国工匠进校园"首场活动在陕西省启动。新形势下,如何创新集团化办学的模式和运行机制,实现职业教育与行业产业协同发展,成为当前职业教育领域普遍关注的问题。

三、核心概念

在中国的传统文化中,工匠始终是与时俱进的一种文化符号。随着时代的变迁,工匠的时代内涵随着各种职业属性及类型的增加又有了新的内容。传统的工匠,是指木匠、石匠、铁匠等,而在当代,工匠的称谓已经泛化至各行各业的技术领域。精英,是指技术能手、技能大师、设计大师或某领域的学术带头人、技术应用型和创新型的技术技能人才等。

在当代,工匠精神已经成为一种深层次的文化形态、职业态度和精神理念,是社会发展过程中融合文化要素、制度要素、经济要素、社会要素、教育要素等关键要素共同作用的一种时代精神。

通过对高等职业院校人才培养模式和人才培养质量现状进行调查研究,对比企业人才发展需求,结合行业发展形势,分析现有校企合作的保障机制、运行过程、培养效果、运行效率、优势和存在的问题,研究开辟校企合作协同办学的新形式、新模式,进而建立健全以"工匠精神"为中心,融民族文化、社会文化、自然文化、企业文化、行业文化、校园文化等为一体的文化育人模式,培养技术娴熟、工作严谨、精益求精、敬业守信、品德高尚的高素质技术技能人才。

(一)职业教育校企协同育人

职业教育校企协同育人是指在现代教育思想与理论的指导下,职业院校与企业资源、社会教育力量主动协调、积极合作、形成合力,以实现教育效果的最优化。职业教育校企协同育人不同于一般的校企合作办学模式,是更高层次、更深层次的办学模式,是校企合作办学模式的升华。

(二)机制

从社会学角度对机制进行解释,即在正视事物各个部分的存在的前提下,协调各个部分之间的关系以更好地发挥作用的具体运行方式。

(三)精神内涵

(1)精益求精。看重细节、追求完美、丰富学养,不惜花费时间和精力,孜孜不倦,强化技能提升。

(2)严谨细致。始终以严肃的态度,谨慎而规范地对待每一次项目训练,确保其质量,并采取严格的检测标准,做到一丝不苟。

(3)创新奉献。潜心钻研、磨砺意志,专注且保持长久耐心。真正的工匠在专业领域是一位永不停步的探索者、追求者,无论是使用材料,还是生产工艺流程,都在不断完善和创新。

(4)爱岗敬业。培养学生的工匠精神、职业道德、职业技能和就业创业能力。岗位、对产品始终充满好奇、热情和激情,不仅敬业,而且专业,出一流产品、卓越产品,创行业品牌。

四、研究目标

(一)通过"工匠精神"的内涵研究,为校企合作协同育人机制提供决策建议

通过对国内外各行业企业人才资源现状和运行情况进行研究,建立符合企业人才需求的人才培养体系。通过对陕西省高等职业院校人才培养和培养质量的现状调查,分析陕西省高等职业院校人才培养机制中存在的共性和个性的问题,为校企合作协同育人提供基于"工匠精神"的人才培养决策建议。

(二)建立"政府主导、学校主体、企业主动"的校企合作保障机制

以校企合作协同育人为研究起点,建立"政府主导、学校主体、企业主动"的校企合作保障机制,以推进校企合作持续健康发展,营造"工匠"培养的基础环境,建立"工匠精神"的教育载体体系。

(三)构建高等职业院校三层校企合作治理体系

以政校行企为研究对象,协同育人为研究起点,形成以"职业教育'政校行企'协同育人指导委员会为主体实施指导,以职能部门为主体实施管理,以教学部门为主体实施执行"的校企合作治理结构,为进一步深化校企合作模式提供范式。

(四)探索高等职业院校校企合作培养具有"工匠精神"人才的新途径

课题研究围绕"工匠精神",以校企合作协同育人为重点,主要探索公办职业院校引入社会资本和职业院校与境外职业教育机构开展混合办学的新模式,研究探索高职院校混合所有制合作的新途径。

(五)探索具有"工匠精神"的文化育人模式

课题研究以"工匠精神"的培育作为切入点,在进行校企合作协同育人的同时,将"工匠精神"融入人才培养的全过程,构建职业院校文化软实力,为大学的文化传承功能赋予新的内涵。

五、研究内容

通过企业调研等方式,笔者对国内外各行业企业人力资源现状和运营情况进行了研究,分析了各行业企业发展方向和相应的人力资源类型和层次的需求,确立了符合行业企业发展需求的"工匠精神"的内涵。课题组对陕西省高等职业院校人才培养模式和人才培养质量现状进行了调查研究,对比了企业发展需求,结合行业发展形势,分析了现有人才培养模式的保障机制、运行过程、培养效果、运行效率、优势和存在的问题。本课题旨在探索完善校企合作的政策保障体系的具体途径,研究开辟校企合作协同办学的新形式、新模式,建立健全以"工匠精神"为中心,融民族文化、社会文化、自然文化、企业文化、行业文化、校园文化等为一体的文化育人模式,培养技术娴熟、工作严谨、精益求精、敬业守信、品德高尚的高素质技术技能人才。

(一)"工匠精神"内涵调查研究

对国内外各行业企业人力资源现状和运营情况进行研究,分析各行业企业发展方向和相应的人力资源类型和层次的需求。对企业需求人才类型从专业素质、实践技能、文化素养、创新能力、学习能力、社会交往能力、自我心理调试能力、组织合作能力等方面进行分解,研究企业需求人才具备的"工匠精神"的文化内涵,建立基于"工匠精神"的人才培养目标体系和科学规范的综合评价标准。

(二)基于"工匠精神"的校企合作协同办学机制研究

我国职业教育校企合作协同育人工作的理论研究众多,但成熟模式缺乏。国内校企协同育人模式主要有"2+1""订单式""厂中校""校中厂""工作站""工作坊""工作场"等类型。众多的理论概念的研究并未从根本上解决校企合作两张皮、一头热普遍现象,究其根本原因是机制建设的问题。

对陕西省高等职业院校人才培养模式和人才培养质量现状进行调查研究,对比企业发展对"工匠精神"的内涵需求,结合行业发展形势,分析各院校现有人才培养模式的保障机制、运行过程、培养效果、运行效率、优势,以及陕西省高等职业院校在面向"工匠精神"的人才培养机制中存在的共性和个性的问题,扬长避短,分析问题存在的深层次原因,从根源上寻求解决问题的办法,寻求优化和完善现有人才培养机制的方法和途径。

探索完善校企合作政策保障体系的具体途径,成立由行业组织牵头成立的校企合作指导委员会,搭建校企合作平台,制定育人标准,共享社会资源,建立激励约束机制、评价监督机制,规范合作行为,保障合作双方的利益;建立适应校企合作要求的服务体系,建立开放的运行保障机制,为教师下企业锻炼、为企业开展科技、为工学交替的学生提供管理服务、为校企合作提供资金及管理服务等。建立起"政府主导、学校主体、企业主动"的校企合作保障机制,在学校人才培养方案中融入符合行业企业需求的"工匠精神"培养目标和具体要求,以推进校企合作持续健康发展。

(三)以"政校行企协同,产学研服一体"为切入点探索新型办学模式

通过探索"政校行企协同,产学研服一体"的办学模式,形成以"职业教育'政校行企'协同育人指导委员会为主体实施指导,以职能部门为主体实施管理,以教学部门为主体实施执行"的校企合作治理结构,共同推进学院校企合作工作;构建"校企协同育人专家库"(特聘顾问、创新创业导师和客座教授),有效搭建了校企合作的便捷通道;共建技术服务和产品开发中心、技能大师工作室、创业教育实践平台等,切实增强职业院校技术技能积累能力和学生就业创业能力,以产业或专业(群)为纽带,推动专业人才培养与岗位需求衔接,人才培养链和产业链相融合,使学生在校企协同的教育模式中建立"工匠"的自我意识,在校企一体的办学环境中体悟"工匠精神"的内涵要求,在"专业教学企业生产一体"的工作过程中实现"工匠精神"的内化和自我塑造。

(四)以"混合所有制办学"为突破口探索职业院校的新型体制形式

探索混合所有制职业院校的主要实现形式。调动企业等社会力量办学的积极主动性,鼓励企业在人才培养模式中,特别是在企业文化和职业文化培养中的深度参与,使"工匠精神"的培养内容和企业的发展要求始终保持实时同步,探索公办职业院校引入社会资本和职业院校与境外职业教育机构开展混合办学的新模式。其中公办职业院校通过改制主动引入民营、个体等社会资本,举办混合所有制的职业院校,以充分激发公办职业院校的活力;职业院校与境外职业教育机构开展混合办学,主动服务国家"一带一路"倡议,积极寻求与境外职业教育机构或相关行业、企业开展合作,培养具备"工匠精神"的当地本土化人才,以资本、技术、管理等要素参与混合所有制办学,可以在境内外办学,形成一批高水平的国际化职业院校。

(五)探索"工匠精神"文化育人模式的构建和运行

依据陕西省区域经济发展现状和产业转型升级对人才类型和素养的新要求,探索以"工匠精神"为中心,融民族文化、社会文化、自然文化、企业文化、行业文化、校园文化等为一体的文化育人模式,提高人才的综合素质,特别是文化水平和人文素质,培养尚德敬业的高素质技术技能人才。当前,高等职业教育在传统的文化教育结构上基本趋于完善,但在进行企业文化和职业文化培养具有"工匠精神"的文化育人模式还需要进一步探索。

(六)探索建立基于"工匠精神"的校企合作人才培养模式

探索分析高等职业院校开展校企合作过程中现有人才培养模式的保障机制、运行过程、培养效果、运行效率、优势,以及陕西省高等职业院校开展校企合作中人才培养机制中存在的共性和个性问题,从"工匠精神"的角度探索专业建设及人才培养中的目标框架、评价体系以及价值标准,建立基于"工匠精神"的校企合作人才培养模式。

结合学徒制试点专业人才培养目标的要求,系统设计人才培养目标框架。探索围绕技术领域和职业岗位(群)的任职要求,在课程体系中融入职业精神教育,建立突出职业性、实践性和开放性的课程体系,实现课程内容和职业资格标准的融通,充分发挥课程教学优势和企业培训的岗位优势之间的有机融合,系统设计人才培养目标框架。探索"校企共管"的教学质量保障体系,建立多方联动评价体系。将工匠精神的培养融入专业教学中,结合专业特点和课程体系,确定评价内容,突出培养学生的职业能力,设定评价考核标准,构成全方位、系统的教学评价保障体系,保证职业技术教育与职业道德教育的系统健康发展。

(七)探索实践以现代学徒制为切入点的人才培养途径研究

探索以现代学徒制为切入点的人才培养途径研究,主要是基于"工匠精神"的学生职业能力、创新创业能力以及团队协作能力的培养,促进体制机制改革,利用顶层设计、方案建设、模式创新、团队建设等方式,将"工匠精神"的关键要素渗透到人才培养的全过程中。

探索建立校企深度合作框架协议,促进企业参与人才培养的全过程,利用教学组织形式、课程体系架构以及师资团队培养等多种方式完成校企深度合作的顶层设计,为学生职业能力培养奠定基础。

通过研究创新创业教育实践平台、技能大赛平台、教师专项工作室等载体的运行模式,探索完成能够增强高等职业院校技术成果转化和学生就业创业能力提升的实施方案,探索研究以企业大讲堂、思政大讲堂等活动载体为依托的文化体系建设育人模式。

探索推行校企"双导师制",即由校内导师和企业导师共同管理试点班级,逐步完成校园文化与企业文化的互通互融。打通"两个通道",即打通名师进校园通道,邀请企业工程师到学校作关于企业文化、行业发展、行业关键能力等方面的讲座;打通分段管理、角色互认通道,实施模拟企业运行的班级管理,学徒即公司员工,并按企业员工手册规范自身行为,通过一系列渗透企业管理元素的班级管理制度,增强(学生)学徒的企业归属感。

六、基于"工匠精神"的校企合作协同育人的必要性

(一)国家战略的要求

当前,我国的经济转型已经进入关键时期。面对国家层面的供给侧结构性改革的推进,面对国家"中国制造 2025"战略的实施,面对经济变革所产生的巨大的人才需求,尤其是技术技能人才的需求,职业教育应该也必须在培育人的问题上逐渐从"会"向"精"过渡,从"学习态度"向"职业态度"过渡,从"劳动力人才"向"创新型人才"过渡。

(二)高等职业教育的使命

高等职业教育的发展,为社会供给侧改革的人才需求提供了有利保障。教育部在2018年支持地方建设200所优质专科高等职业院校,目的就是要增强我国高等职业教育发展的活力,提升我国高等职业教育服务地方产业,满足国家发展深水区时期对人才,尤其是对具有"工匠精神"的高素质技术技能人才的需求的能力,实现高等职业教育内涵式发展。

七、基于"工匠精神"的校企合作协同育人的价值标准

(一)企业视角下的"工匠精神"人才培育

对企业而言,要能够占领市场,并获得利益以促进企业快速发展的关键问题是劳动力生产率。企业在发展过程中更加关注的是高等职业院校培养的技术技能人才能否适应企业在发展过程中对产品质量、经营管理的要求,关注的是高等职业院校培养的技术技能人才的业务及素质,尤其是是否具有"工匠精神"。在企业发展过程中,要提升产品市场竞争力,就要求高等职业院校培养的技术技能人才不但要具备企业在生产、管理过程中所需要的基本知识和技能,还要能够将所学习的理论知识、实践技能应用到具体的工作实践中,尤其是转化到工作场所,促进企业发展。

(二)教师视角下的"工匠精神"师资团队培育

高等职业教育的快速发展,对在高等职业教育中承担育人责任的师资团队提出了更加严峻的挑战,高等职业院校的教师扮演着双重角色,既是老师,又是师傅。教师在职业生涯发展过程中,需要付出更多的努力下企业锻炼或参加各级各类职业培训,提升专业实践技能。在新时代的背景下,促进职业教育快速发展的各级各类项目在助推师资团队发展的同时,需要重新定义与职业教育发展相匹配的发展历程中具有"工匠精神"的师资团队的价值标准。培育高等职业院校教师的"工匠精神",主要是提高教师尤其是青年教师的思想水平、科研水平、教学水平。教师作为培养学生的"匠人",要具有"匠心"和"匠技",对自己的业务提升过程要不断地追求,要努力开拓技术服务市场,提升教师在企业的技术革新和成果转移转化过程中的作用。

(三)学生视角下的"工匠精神"能力培育

高等职业教育的发展,核心是以学生为中心的技术技能人才的培养。学生能力的提升是一所院校发展的核心竞争力,高等职业教育在发展过程中需要通过多样化的途径和人才培养模式促进学生能力的提升,让学生在职业生涯中具有较高的职业竞争力。培育具有"工匠精神"的学生,需要一所学校在文化育人、环境育人以及实践育人的过程中形成标准,建立体系,通过各种途径为学生提供创新创业发展的平台,提供课程实践的平台,提供一流的实训条件及一流的师资团队。

当前,产教融合、工匠精神是各个行业、企业、院校讨论的关键词,"产教融合"与"工匠精神"已从相对独立的政策方略逐渐走向关联与互动,如何在产教融合视阈下对高等职业院校学生工匠精神的内涵、模式、成效进行比较,并探索针对高等职业院校学生的工匠精神的可行性

发展路径是当前我们需要理清的关键问题。

八、产教融合与工匠精神的互联运行模式

运行模式是事物或对象在一定条件下的实施路径和方式,也是对事物或对象的思考过程实践的运行过程。产教融合与工匠精神的互联运行实践模式具有特殊性、多维性等特点。

(一)理论体系模式建设

以党的十九大精神为指引,在行业、企业、院校之间建立产教融合与工匠精神理论体系。

理论体系包括对国家颁发的《工人技能》文件、党的十九大会议文件以及新时代对人才的需求的分析研究成果,形成以政府建立以《产教融合》文件为框架,行业、院校协同推进的理论体系研究,让产教融合与岗位职业标准相结合。

三种运行模式构建包括:一是导师制实施学徒制落地管理,形成管理规范;二是联合体实现资源共享,技术共享,标准共享;三是项目制实现培训体系化,管理规范化运行。

(二)机制与路径分析

产教融合与工匠精神互联的机制与路径分析包括以下几个方面:一是完善产教融合与工匠精神双向对接的互动机制;二是促进产教融合与工匠精神双向互动的路径建设;三是构建产教融合与工匠精神协同推进的发展格局。其中,产教融合与工匠精神协同推进的发展格局主要包括两个维度:一是同步规划区域产业与地区职业教育布局,统筹职业院校资源,结合区域产业分布,加快推进省级职业院校的专业布局。适当引导职业院校的专业建设向地方特色产业集中,引导省级、市级统筹职业院校专业与区域产业、企业对接的,加大对地区专业设立的经费支持和制度支持力度。二是推动产教融合视阈下的工匠精神培训体系建设。一方面,适应"互联网+"背景下产业对人才的需求规格,加强新技术的培训,提高职业院校学生的就业竞争力。另一方面,把实用技能培训嵌入学生的社团活动中,加强学生的专业活动载体和平台构建,适度支持学生的专业社团的运营,支持学生社团的创新创业平台建设。加强技术技能人才的培训,建立有效的技术技能人才的考核奖励机制。

九、解决的教学问题

解决学校教育人才综合素质培养目标与企业"工匠精神"人才需求的一致性问题,为符合社会经济发展趋势、满足行业企业转型需求的基于"工匠精神"的人才培养方案的制订提供科学的参照。

建立和完善基于"工匠精神"的校企合作协同办学的运行机制,探索实现"工匠精神"人才培养目标的校企合作办学的具体方法和途径。

解决社会文化、企业文化、职业文化和校园文化的融合与衔接问题,构建以"工匠精神"为核心的多元文化相融合的职业教育文化体系和文化氛围。

十、人才培养综合评价指标体系

在当代时代发展中,工匠精神已经成为一种深层次的文化形态、职业态度和精神理念,是社会发展过程中融合文化要素、制度要素、经济要素、社会要素、教育要素等关键要素共同作用的一种时代精神。

高等职业院校培养具有工匠精神的新时代高素质技术技能人才在教育教学改革中具有重要的导向作用,可以说是高等职业教育人才培养的指挥棒。近年来,随着教学改革工作的深入,各位学者及教育工作者在教育质量评价方法方面做了大量研究,取得了一些进展。笔者结合高等职业院校技术技能人才培养的基本要素和教学环节,研究了基于三角数 FAHP 的工匠精神培养评价模型,对于指导高等职业院校人才培养中关于工匠精神融入的侧重有一定参考价值。

笔者结合教育教学人才培养的规律,制定了工匠精神的人才培养评价指标体系,具体包括学生品德发展水平、学业发展水平、身心发展水平、兴趣特长养成、学业负担状况等 5 个方面 20 个关键指标(见表 3-1)。新的评价体系在评价的对象上,要求评价信息要客观全面;在评价的方法上,要求数据分析要科学合理,不能单靠经验和简单的观察,要将定量评价与定性评价结合起来;在评价的内容上,要关注学生的努力程度和进步程度,不能单看结果,要将终结性评价和形成性评价结合起来。

表 3-1 高职院校工匠精神人才培养综合评价指标体系

总体目标	指标体系	
	一级指标 B	二级指标 C
工匠精神人才培养综合评价 A	品德发展水平 B1	行为习惯 C11
		职业素养 C12
		人格品质 C13
		理想信念 C14
	学业发展水平 B2	知识技能 C21
		思想方法 C22
		实践能力 C23
		创新意识 C24
	身心发展水平 B3	身体形态机能 C31
		健康生活方式 C32
		审美修养 C33
		情绪行为调控 C34
		人际沟通 C35

续 表

总体目标	指标体系	
	一级指标 B	二级指标 C
工匠精神人才培养综合评价 A	兴趣特长养成 B4	好奇心求知欲 C41
		爱好特长 C42
		潜能发展 C43
	学业负担状况 B5	学习时间 C51
		课业质量 C52
		课业难度 C53
		学习压力 C54

第四部分 校企合作协同育人机制研究

一、"工匠精神"的校企合作协同办学机制研究

(一)寻求优化和完善现有人才培养机制的方法和途径

对高等职业院校人才培养模式和人才培养质量现状进行调查研究,对比企业发展对"工匠精神"的内涵需求,结合行业发展形势,分析各院校现有人才培养模式的保障机制、运行过程、培养效果、运行效率、优势以及高等职业院校面向"工匠精神"的人才培养机制中存在的共性和个性的问题,扬长避短,分析问题存在的深层次原因,从根源上寻求解决问题的办法,寻求优化和完善现有人才培养机制的方法和途径。从学校层面创新教师考核评价机制,教师参与指导学生的各种专业社团活动,专业技能比赛的工作量和成绩应该列入教师绩效工资考核和教师职称评定的重要指标体系之中。

(二)探索完善校企合作政策保障体系的具体途径

探索完善校企合作政策保障体系的具体途径,充分发挥行业组织牵头成立的校企合作指导委员会作用,搭建校企合作平台,制定育人标准,共享社会资源,通过建立千企百校人才战略联盟,激活企业对人才的需求以及院校培养人才的标准;建立适应校企合作要求的服务体系,建立开放的运行保障机制;继续探索"引企入校、进厂办校、订单培养、顶岗实习、资源共享、互利共赢"的校园对话或对接机制,试点由学校和企业结合区域产业发展共建二级学院,为企业提供技术咨询、技术研发、成果转化、新产品开发和职工培养等服务,通过试点办学机制,实现校企共同完成技术技能人才培养,有效实现"教育"和"产业"的有机结合,融合发展,在学校人才培养方案中融入符合行业、企业需求的"工匠精神"的培养目标和具体要求,不断提升职业院校的办学活力和内涵建设水平,以进一步推进校企合作持续健康发展。

(三)试点跨区域的国际合作职业教育联盟

跨区域的国际合作职业教育联盟是国家职业教育发展战略的重要组成部分,也是新时代背景下职业教育改革的一种创新模式。跨区域生产以及跨区域合作有效推动了国际化合作进程,探索具有共同行业背景、专业背景的院校之间的骨干互兼、教师互派、学生互换、学分互认、优势互补以及资源共享机制,吸引国际院校的优秀师资力量来我国交流或开展项目合作;跨区域的国际合作可以采用松散型、半紧密型和紧密型三种合作模式,合作内容可从招生、就业、教学资源共享、研发或学术交流等方面,充分依托和探索与企业合作"走出去"的职业教育发展模

式,服务"一带一路"建设和国际产能合作;通过各级各类的国际职教平台或职教联盟,提高职业教育的对外开放水平,加快国内职业教育与世界先进水平的深度融合与共同发展,主要是融合国际化的办学理念、国际化的课程标准与国际化的专业标准,提高我国职业教育的贡献力和影响力。

二、以"混合所有制办学"为突破口探索职业院校的新型体制形式

围绕"工匠精神"以校企合作协同育人为重点,主要探索公办职业院校引入社会资本和职业院校与境外职业教育机构开展混合办学的新模式,研究探索高职院校混合所有制合作的新途径。

(一)探索混合所有制职业院校的主要实现形式

调动企业等社会力量办学的积极主动性,鼓励企业在人才培养模式特别是在企业文化和职业文化培养中的深度参与,使"工匠精神"的培养内容和企业的发展要求始终保持实时同步;探索公办职业院校引入社会资本和职业院校与境外职业教育机构开展混合办学的新模式。依托国家"一带一路"倡议,加强职业院校与境外职业教育机构开展混合办学,加强职业院校与境外的职业教育机构、应用技术大学或行业企业的战略合作,培养具备"工匠精神"的国际化技术技能人才,建设一批具有国际化高水平的职业院校。

(二)有效推动学生进行实践能力创新

通过试点混合所有制办学模式,实现院校和企业之间的共同投资、共同管理、共同育人、共担风险、共享利益的混合所有制运行机制。由企业参与的办学模式,可以有效促进实验实训条件的改善,有效推动学生进行实践能力创新,使学生在校企协同的教育模式中建立"工匠"的自我意识,在校企一体的办学环境中体悟"工匠精神"的内涵要求,在"专业教学企业生产一体"的工作过程中实现"工匠精神"的内化和自我塑造。

(三)搭建校企合作办学新载体

以需求为导向,创新性地推动办学体制机制改革,促使各项工作有突破性进展。从原始的校企合作实训室建设及顶岗实习向产业基地及创新创业基地过渡;构建"校企协同育人专家库"(特聘顾问、创新创业导师和客座教授),有效搭建了校企合作的便捷通道;紧跟区域经济发展,以专业群服务产业圈,专业发展融入产业发展,在行业背景下综合考虑专业的布局与发展;将产业基地及创新创业基地作为学生岗位认知及实训、技术研发及创业孵化、社会培训及技能提升的协同育人合作平台。

三、探索基于"工匠精神"的校企合作育人模式的构建和运行

以"工匠精神"的培育作为切入点,在进行校企合作协同育人的同时,将"工匠精神"融入人

才培养的全过程,构建职业院校文化软实力,为大学的文化传承功能赋予新的内涵。

(一)打造环境传承工匠精神文化

依据区域经济发展现状和产业转型升级对人才类型和素养的新要求,探索以"工匠精神"为中心,融民族文化、社会文化、自然文化、企业文化、行业文化、校园文化等为一体的文化育人模式,提高人才的综合素质,特别是提高人才的文化水平和人文素质,才能培养尚德敬业的高素质技术技能人才。当前,高等职业教育在传统的文化教育结构上基本趋于完善,但在培养具有"工匠精神"的文化育人模式上还需要进一步探索。"工匠精神"文化育人,需要校企之间加强交流,共建共赢。校企双方合作在校园环境里积极打造企业文化长廊、科技馆、企业家风采展示、文化大讲堂等具有特色的文化活动和实体,让学生在轻松愉悦的环境中接受以"工匠精神"为主要内容的文化熏陶。

(二)典型示范引领工匠精神

"工匠精神"传递的是精益求精,是吃苦耐劳,是用于创新,是敬业执着。新时代社会主义高等职业院校发展中学生的价值追求和时代标杆应该以"工匠精神"为精神引领,应该树立个人对职业的一种责任感和使命感。高等职业院校要充分利用新时代背景下的精神文化,通过典型示范引领,弘扬工匠精神,比如技能大师走进校园、国际职业技能大赛走出国门等,展示工匠精神,引导提升学生的职业素养,使其成为"工匠精神"的传承者和弘扬者;通过企业文化长廊、文化大讲堂、文化广场、企业实训车间等载体,建设具有传播工匠精神的校园文化,探索培养具有"工匠精神"的人才的教学模式,打造崇尚工匠精神的师资队伍,构建弘扬"工匠精神"的教学体系。

(三)实施课程教学新模式

开展多种形式的校企合作,关键是将企业家、大国工匠、技能大师等行业领域的专家积极引进到学校,参与人才培养和教育教学改革。重点是将企业高级技能人才引入专业建设与人才培育的建设中,结合校企合作育人模式,制定课程教学质量标准,引导和改进实践教学模式和实践教学考核模式,充分将"工匠精神"作为学生知识能力提升的新理念。

(四)构建项目研发综合体

鼓励学生结合专业发展成立学生社团、协会或兴趣小组,以创新创业作品为契机,鼓励和引导教师做学生的引路人和指导者,提升学生的实践动手能力;鼓励学生将社团的主要活动地点定在专业实训室,以项目为载体,推动专业社团的发展,提升学校实训室的利用率,充分将5S管理模式渗透到实训室的管理中,将5S管理模式作为学生提升个人管理能力、组织能力和协同能力的有效途径。

工匠精神,是新时代背景下对高等职业教育中的教师和学生提出的新要求,是现代职业教育必须持续关注并提倡的一种精神。工匠精神是高等职业教育发展过程中强化校企合作、提升师资团队能力和学生技术技能水平的重要内容。只有通过校企合作,强化产教融合,只有使教师和学生两个主体都具有"工匠精神",才能促进高等职业教育长远发展。

第五部分　院校体制机制运行研究

一、高等职业教育教学质量监控与保障体系的研究

高等职业教育教学质量管理是一种体系性的质量管理活动,是针对学院日常教学管理运行的全过程质量管理。教学效果是教学质量的体现,是教育价值的一种表现形式。强化教学质量监控,加强教学质量绩效管理,就是有目的地建立教学质量管理体系,系统地进行质量目标确定,质量监控体系建设,激励政策制定等,有效推进高等职业教育教学质量的绩效管理,提高高等职业院校的管理水平与育人质量。

(一)存在的问题

1. 缺乏可供考核的质量目标观测点

高等职业教育教学质量管理目前存在的主要问题是教学质量目标明确,但对质量目标的过程实施监控不够。各学院制定的质量目标是否能达到预期效果,没有可供考核的观测点。结合学院发展实际,以及学院发展中的专业、课程、师资、学生等教学基本元素,我们需要根据生源层次,地域特色,确定适合学院自身发展的各个层级质量目标,确定每个教学基本元素质量目标的内容和观测点。

2. 缺乏质量标准过程的监控

目前,高等职业院校在人才培养方案的制定上相对比较规范,在培养目标中对学生应该掌握的知识、能力、素质都作了具体要求,课程应该具备的课程标准、授课计划等基本教学资料也相对规范,但这些都属于静态的质量标准,在建立静态的质量标准的同时应该强化动态质量标准的制定。教学质量标准缺乏系统性的过程监控,只有教师教学标准,没有质量控制标准;对学生的理论课程只有课程结果性考核标准,没有教学质量过程性考核标准;对学生实践课程只有课程结果性报告考核标准,没有教学质量成果性技能考核标准;对学生有专业知识考核标准,没有素质考核标准。

3. 缺乏程序性的质量监控

教学质量监控是高等职业教育学校教学管理的重要环节之一,传统的教学质量监控主要是针对教师的课堂教学和实践教学环节的监控,包括校外实习实训、顶岗实习、工程实践能力、学生综合素质、人才培养质量等环节的全面覆盖监控,尤其是对各个部门在落实人才培养目标过程中的工作任务的监控,导致教学质量监控难以体现全面性、真实性、科学性、客观性与民主性的原则。

4.缺乏科学性的质量报告

质量报告是学院利用人才培养工作状态数据采集管理平台和教育教学管理过程中的成果进行总结提升的,缺乏全面科学的第三方参与机构评价机制。质量报告虽然反映了学院在一个时期内发展的成果,但缺乏针对高等职业教育质量管理的客观性评价,也就是缺乏社会对人才水平的评估。

(二)解决问题的办法

1.建立多维度开放性质量监控体系

高等职业教育具有校企合作、工学结合的特点,国家试点混合所有制,试点引入第三方评价等方式,均是为了吸收行业、企业、教育行政主管部门等各界参与到高等职业教育人才培养中来,形成学校和社会有机结合的教学质量评价系统,切实提高高等职业教育的育人效果,建立行业、企业、教育行政主管部门等共同参与的多维度开放性质量监控体系。这就要求我们改变教师和学生被动接受监督、评价的状况,使之成为质量保障实施和评价的主体,从而体现质量管理主体动态的、发展的、变化的、多元的、多层次的和多类别的特点。

2.建立全方位的教学质量目标体系

树立质量目标意识,建立针对学院发展、专业建设、课程建设、师资队伍、课程教学等5个教学元素的教学质量目标体系,形成可量化的教学质量目标监控体系,主要是针对各教学元素在运行过程中教学质量目标的达成度,从目标与标准的制定,教学质量目标的设计、组织与实施,教学质量过程的监控,结合每个阶段的考核内容及考核点(见表5-1),形成螺旋循环的监控机制(以专业为例)。

表 5-1 专业教学质量目标及考核点

专业质量目标	考核点
市场调研、就业岗位(群)	市场调研报告、就业岗位群分析报告
专业规划	专业发展规划、建设规划
专业建设标准	人才培养方案
专业动态调整及运行管理	人才培养方案、专业调整表、近三年的专业招生人数
专业质量监控	就业率、企业满意率、学生满意度、发展状况调查报告等

3.建立结果的绩效激励政策

教师教学质量绩效与职称、津贴等绩效管理同步,将部门绩效作为二级学院二级分配的主要依据。建立专任教师年度考核量化管理标准,从教师的政治学习与师德、教学工作量、教学建设工作量和教科研工作量等4个方面进行量化考核。因高等职业教育主要体现教师对学生基本技能的培养,因此教学工作量作为教师日常完成的基本工作的考核比例适当偏高。具体考核办法及计分方法见表5-2。

表 5-2 教师教学质量绩效考核细则

考核内容	计分原则
政治学习与师德(10%)	分值＝总分×10% 注：总分以 100 分计，由各考核组制定具体量化标准(如每少参加一次政治学习或业务大会扣 0.5 分)
教学工作量(60%)	1. N≤360，分值＝N/360×100×60％×教学效果系数 2. N＞360，分值＝〔100＋(N－360)/50〕×60％×教学效果系数 注：①N 为总课时量；②教学效果系数对应关系：A＝1.1，B＝1.0，C＝0.9，D＝0.5
教学建设工作量(10%)	分值＝总分×10% 注：所在部门教师中得分最高分以 100 分计，其他教师得分依此计推。
教科研工作量(20%)	分值＝总分×20% 注：所在部门教师中得分最高分以 100 分计，其他教师得分依此计推。

4. 建立考核等级的教学质量测评体系

根据高等职业教育的特点，教学质量测评主要包括教师在理论教学和实践教学两个方面的教学质量测评。教学质量测评主要以学生测评、教学督导测评、二级学院测评三部分组成。三部分的权重分配分别为 0.3，0.3，0.4。其中，学生测评结果、教学督导评教结果由教学质量管理中心组织实施。学生测评使用学生评教系统对所有开设的理论和实践课程实施全方位、全覆盖测评，每学期进行一次。二级学院测评主要根据教师授课计划、教案、试卷、作业批改、实践教学组织、教研活动、二级学院组织听课及其他教研活动等，采用百分制形式，结合开学初的教学检查、期中教学检查、期末教学检查等三个环节实施学期全程监控，每项检查项目根据测评点分配相应分值，其中实践教学含毕业设计、课程设计、实验、实习、实训、顶岗实习等。听课测评分的计算办法为：授课评价表总分×10％；出现缺项的教学环节以该项的平均值计入总分。在期末前由二级学院完成测评数据的整理和统计工作。具体的项目赋值见表 5-3。

表 5-3 教师教学质量测评表

项目	测评内容	分值	项目	测评内容	分值
授课计划	授课计划规范性	4	实践教学	资料齐全	4
	授课计划与课程大纲(课程标准)符合程度	4		按时辅导	4
	授课计划完整性(全部课程含实训)	4		及时批阅	4
	按期归档	3		按期归档	3

续 表

项目	测评内容	分值	项目	测评内容	分值
教案	教案规范性	4	教研活动	按时参加教研室活动	2
	教案与授课计划符合程度	3		按时参加系里各种会议、讲座等	3
	教案完整性(全部课程的每节课)	5		按时参加学院各种会议、讲座等	3
	按期归档	3		按时参加系里安排的其他会议、讲座等	2
试卷	试卷规范性	5	听课	按照理论教学评价表综合评价	10
	资料齐全并按期归档	5		按照实训教学评价表综合评价	10
作业批改	作业布置恰当	3	其他活动	按期完成系里安排的其他教学任务	3
	按时批阅	2			
	对作业中的难题及时辅导	2		按期完成教研室安排的其他工作	2
	作业批阅数量	3			

5.建立多元化的人才质量考核体系

高等职业教育主要培养技术技能人才,唯分数论已经不能适应当前高等职业教育的培养目标与课程体系,应该建立多元化分层分级的课程考核机制,建立以作品、项目、方案、系统设计、技能证书等为考核载体的新型考核方式。强化课程改革机制,通过教学管理创新、毕业设计改革、课程教学改革试点、学生科技创新等项目来推进课程改革。

建立以毕业率、就业率、社会评价为主要指标的二级学院人才培养质量考核体系。其中,毕业率主要结合专业招生人数与毕业人数的变化,就业率及学生就业岗位的稳定率,学生在自主创业和创新教育中的比率,各二级学院各专业学生就业岗位、就业企业回访、企业评价等依据,实现二级学院人才质量考核体系多元化。

高等职业教育的飞速发展,要求我们理念先导,树立职业教育现代质量意识,围绕学院的教育教学质量,增强办学特色、教学特色和专业特色,树立发展性、多样化的质量观,以教育教学质量提升为中心,通过建立高等职业教育的质量绩效管理体系,形成常态化的教学管理运行机制。通过制度和体系的建立,保障日常教学的平稳发展,有效促进学生教育质量的持续提升。

二、规范校企合作中实训环节

当前,各高校毕业生的就业形势十分严峻,大部分高校都将学生实习和学生就业作为工作的重点,但是要培养能早日融入企业的合格毕业生对当前的高等教育体制来说是一个挑战。企业要求引进的员工能尽快转变角色,创造价值,要求学生尽早进入状态,适应企业的工作环境和工作要求。这就要求学校在教学过程上打破传统的关门教学模式,走校企合作之路。

(一)关于校企合作

1. 基本思路

校企合作的基本思路是在国家政策的引导下,校企双方本着互惠互利的原则,以培养专业人才为目标,以提高学生的全面素质、综合能力和就业竞争力为重点,共同研究和制订人才培养计划,利用学校和企业两种不同的教育环境和教育资源,共同建设教学基地,制订双方技术合作计划,以协议来规范和约束双方合作的教育行为。

2. 合作关系

学校与企业的合作关系主要表现在以下四个方面:一是在教学内容中渗透企业文化;二是在教学方式上加强实践操作;三是教学过程由教室向车间延伸;四是在教学效果上通过转化、创新融入实践。

校企合作的主要模式从行业角度可以简单总结如下:纺织工业行业的图解案例式、机械食品等加工行业的加工操作式、管理职能部门的环境融入式、矿业采集和应用研究的项目参与式、化工行业的实验式等。

(二)努力做好校企合作中的各种操作规范

努力做好校企合作中的各种操作规范,包括建立校企合作指导委员会、制定企业培训标准以及规范校企合作法律文件等。

1. 建立校企合作指导委员会

校企合作指导委员会成员由学校和企业双方的相关专家共同组成,在校企合作指导委员会的指导下,双方共同完成实践环节的教学计划、教学内容、培训计划、考核计划与标准的制订、教材编写等工作,以确保学生实习内容具备实用性、先进性和综合性。根据实际工作的岗位职责和任务,双方按照行业相关标准,共同制定学生在不同培养阶段的能力标准作为教学实施的目标和依据,并根据生产实际及时调整教材内容,组织学生有针对性地进行生产实习。

2. 制定企业培训标准

通过制定企业培训标准,提高实训环节的社会认可度,其目的在于使培训工作有一个量的考核和质的提高。全面建立和推行国家职业资格证书制度,把学校理论教学和企业培训相结合。根据地区特征建立行业专业技术资格审定制度,使部分精英企业在各自的行业领域有属于自己的行业培训认定资格。

3. 规范校企合作法律文件

规范校企合作法律文件,使学校与企业之间的合作关系制度化、规范化。法律文件中应明确规定双方的合作权益、责任和义务,以及双方的制度保证,政府或相关部门给予的权利保障等。例如,《校企合作协议》《校企合作 N 年规划》《校企合作共建实践基地计划》《校企合作"双师型"教师培养计划》《校企合作经费使用管理办法》《企业技术骨干教师聘任考核办法》《教材建设与教材管理办法》《校企合作科研开发管理办法》《企业教学各环节基本要求》《企业教学学生管理办法》《企业技术骨干教师聘任考核办法》等。

(三)加强实训考核

实训考核是对学生实习成果的检验和总结,主要包含培训的过程式考核和培训的结论式考核两个方面。

1. 培训过程考核

实训基地在建立一系列考勤、考核、安全、劳防和保密等规章制度及员工日常行为规范的基础上,使学生在实训期间能养成遵纪守法的习惯,以加快学生角色转变。学校应对照实训大纲或实训教材和企业一起制订详细的教学实习计划,科学安排学生在实训基地进行实训实习的具体教学任务,让学生对企业的生产经营情况有一个完整的了解和全面的适应。这样不仅能培养学生对各工种技术要求适应能力,以及现代工程技术人员应具备的质量意识、安全意识、管理意识、协作意识、市场意识、竞争意识和创新意识等,而且能让社会充分了解学校,为学生对口就业创造良好的机遇。

2. 培训成果考核

学生在实训基地培训结束后,实训单位可根据学生在培训中的具体表现颁发企业认可的专业培训技能等级证书,证书应写明学生的实训项目,并区分操作培训等级。招聘单位对学生在企业的实习培训在一定程度上是给予肯定的。如果培训企业还不具备资格认证的要求,应该引导并督促学生参加相关对口专业的资格认证考试,以取得国家规定的任职资格。这样对于企业的培训能力也是一个检验。

(四)采取多样化培训方式

这里举例分析实训操作模式,主要有以下三种方式:

(1)操作式。操作式就是根据教学大纲要求培养学生的手动操作能力。比如,在计算机组装与维护的实习环节中,指导教师可以指导学生进行计算机的拆装、网线的制作、系统的安装等;在进行金工实习时,在指导教师的指导下,学生可动手进行简单的零器件加工;水利水电工程相关专业学生在实习指导教师的指导下,可到工地进行测量、放线、施工等方面的实践等。

(2)讨论式。讨论式教学是以教师为主导,以学生为主体,以发展为主线的教学过程。在实习过程中,指导教师可以预先设计一个或几个问题,通过小组讨论,帮助学生完成实习任务。讨论不一定有结论,主要是要求学生通过相互交流、探讨和筛选的方式整合理论知识。

(3)活动式。活动式教学主要是针对学生注意力容易分散、好动的特点,采用外显性的认知活动,因势利导地引导学生积极参与,进而使学生向内化的认知活动过渡的一种教学方式。在实习过程中,可以通过竞赛提高学生的技能。比如可以通过比赛的形式要求计算机相关专业的学生在规定的时间内完成计算机的组装或完成一个系统的调试等。

通过把实训过程考核和实训结果考核相结合,加大技能考核的比重,从而提高学生的创新意识,培养学生的创造能力和实践操作技能。

(五)规范实训文档

通过规范实训文档,帮助学生在实训过程中记录操作要点并总结不足。实训文档一般包括学生书写的实习日志、实习报告,单位对学生的实习表现作出的实习鉴定,以及实习带队教师对学生的实习过程作出的实习总结等。

(1)实习日志。学生应当在每天工作结束后完成实习日志的书写。实习日志一般包括实习时间、实习地点(比如工地、车间、教室)、指导教师、实习内容等,重点是实习,要求学生及时总结并牢记操作要点。

(2)实习报告。实习报告的内容一般包括学生的实习时间、实习地点、实习带队教师、实习内容等。

(3)实习鉴定。实习鉴定一般包括学生在实习过程中的表现,包括纪律、团队协作意识、操作能力等。企业根据实际情况对学生的实习表现作出客观的评价。企业在学生实习期间要对学生进行相关纪律的考核、鉴定,客观地评价学生的实习情况。

(4)实习总结。实习总结是实习环节的完善和补充,从中发现问题,以待下次避免,完善实习环节。

(六)几点建议

1. 校企合作不应是一所高职院校的特色,而应是一种更大范围的长效机制

校企合作不应是一所高职院校对外宣传的一个特色,而是一种更大范围的长效机制,应该让更多的企业更多地参与到学校实践环节教学计划、课程设置、教学内容、教学管理、教材建设、师资队伍建设等工作中来,学校在这方面也应该加强力度,包括加大人力、财力的投入。

2. 学生实训应积极推广"订单式"和"企业互动式"的教学方式

大部分学校学生的实习环节还停留在完成教学任务阶段,我们应该积极扩大"订单式"和"企业互动式"的教学方式。企业应长期参与学校实训环节的计划编订,共同制定人才培养计划。企业对人才需求的敏感性要比学校高得多,应该借助自身优势与学校一起实现共赢的目的,应该让纯教学化的实习企业化,让学生员工化。

3. 企业应该更好地参与到学校的就业工作中

按照学生的专业特点和在实习单位的表现,企业应利用自身的关系网络或客户群推荐实习学生到相关企业工作,也可以要求相关企业和实习学生面谈,通过自主择业、双向选择等方式促进学校学生就业,达到利益互赢。

4. 校企之间急需建立一个中间协调机构

近阶段关于行业培训标准的认知相对比较薄弱,一部分企业不愿意承担学校的实训教学工作,另一部分企业又专门从事学校的教育培训工作。为了加强和完善校企合作,急需建立一个中间机构来协调和规范。

企业要想和学校长期合作,不但要在学生的实习方面合作,也应该在项目的开发上要求员工和教师相互合作,使学校教育和企业生产完全以培养人才为目的,形成资源共享、优势互补、良性互动的双赢局面。在合作中,企业可以为学校提供市场信息、专业咨询,为学生提供实训岗位,选派实习指导教师;学校可以为企业职工实训提供学习环境、教学资源,为企业提供技术服务,为企业的发展提供优质的人力资源,与企业一起进行产品设计开发,共同解决生产中的

难题。

三、校企合作中高职毕业设计创新机制研究与实践

毕业设计是高职院校教学过程的重要环节之一,目的是总结和检查学生在校期间的学习成果,通过毕业设计,使学生针对大学三年所学的课程或课程所涉及的某一领域进行专门、深入、系统的研究,培养学生综合运用已有知识独立解决问题的能力。

目前,许多高职院校的毕业设计都流于形式,非常不利于学生综合技能的培养和提高。本小节结合个别高职学院毕业设计实践过程中的优秀案例,从以下四个方面提出如何创新机制,在提高毕业设计质量的同时提高就业率。

(一)政策引导,积极推进毕业设计工作

学院通过营造氛围,加强对学生的教育和宣传,端正学生对毕业设计的认识。

一方面激发学生对毕业设计的兴趣,使其充分发挥主观能动性,全身心地投入到毕业设计工作中来。另一方面引导学生用科学的方法进行学习和研究,以免学生由于自身能力不够或畏难情绪而过早放弃努力。毕业设计是对学生综合能力的考查,是培养学生提出问题、分析问题、解决问题的重要环节,对毕业设计的敷衍对学生来说将是一个巨大的损失。

学院应将毕业设计作为大学生学习生涯中一个非常重要的环节,将毕业设计作品作为学生三年知识总结的宝贵财富。建立健全《毕业设计实施细则》《毕业设计指导制度》《毕业设计奖励制度》等规章制度,促进毕业设计环节管理的科学化和规范化。

(二)建立柔性机制,灵活设计内容

经笔者调查,许多高职院校因学生就业压力大而使毕业设计流于形式,或者在第5学期(三年级)开学就安排毕业设计由于就业的影响,每年11月份就已经有大量学生走向工作岗位,致使毕业设计流于形式。要想解史这一问题,我们必须建立柔性机制,在设计选题、过程控制、顶岗实习中加强过程控制。

1. 灵活设置选题

选题是否恰当直接关系着学生的毕业设计能否成功。过于简单的课题,会让学生不够重视,不能充分挖掘学生的潜力。难度过大的选题,则会让学生产生畏难情绪而选择放弃,也达不到预期的教学目的。因此,必须根据学生的实际情况,灵活设置毕业设计的难度,既要充分挖掘学生的潜力,又不能使学生产生畏难情绪。指导教师要切实实施,并做好记录,便于毕业设计过程的持续改进。

要针对学生就业岗位的需求,将毕业设计的主动权从教师转移给学生,让学生站在企业的角度,将学校课题转化成企业课题,将毕业设计的内容和就业岗位相融合,用于解决企业的实际问题。

建立完整的毕业设计过程框架,明确毕业设计过程中的各项具体活动,为指导教师对学生进行毕业设计指导和毕业设计过程监控等提供依据。

2. 加强过程控制和互动跟踪

毕业设计历时较长,环节也比较多。如果没有一个合理、规范的设计过程,对过程不加控

制,就难以保证学生能投入很大精力进行毕业设计工作,也难以保证毕业设计的质量。

毕业设计过程可采用 PDCA 循环的管理机制,PDCA 循环是一种对质量进行持续改进的方法。可以把这种方法引入到毕业设计过程的管理中,使毕业设计过程逐步完善、逐步优化。

P(Plan)策划:对毕业设计整个工作进行详细的计划;D(Do)实施计划:按照计划进行毕业设计的教学工作,并根据实际完成情况随时调整计划;C(Check)检查、监控、评价:一是对实施计划的过程进行监控,二是通过检查和评价来获取一些可测量的数据;A(Action)改进提高:通过对过程监控、检查评价结果的分析,总结成功的经验和失败的教训,并对下一轮的毕业设计提出改进意见,使得毕业设计的质量得到持续提高。

3. 创建灵活的毕业设计指导平台

创建灵活的毕业设计指导平台,可利用网络平台,如 QQ 群、电子邮箱、网站等快速便捷的通信方式,对学生的毕业设计情况进行跟踪辅导,督促学生完成毕业设计。教学系部也要不定期地对指导情况进行检查与通报。

4. 建立毕业设计与顶岗实习双赢机制

坚持以就业为导向,积极为学生搭建开放性教学平台,把顶岗实习作为学生专业教育的一个重要环节和综合素质提高的一项关键措施,明确要求各专业学生必须把学习任务带到顶岗实习现场。

带着学习任务学习,一方面可以使学生的毕业设计与技术成果结合起来,便于学生更好地完成学习任务;另一方面有利于提高学生的专业技能,帮助学生获得良好的就业机会。我们可根据学生的专业特点灵活安排课题,创建"为了学习而工作"的顶岗实习模式。比如模具专业的实习指导老师给顶岗实习学生布置的学习任务是"为企业解决一个以上的技术难题";营销专业则给顶岗实习学生布置了"商品销售可行性调查"的学习任务,要求学生在顶岗实习现场必须结合实习内容完成毕业设计,从选题到完成的全过程都是在企业技术人员和学院专业教师的共同指导下进行下。

成功的案例院校有陕西工业职业技术学院、长沙民政职业技术学院等。

陕西工业职业技术学院充分利用优势资源,积极和深圳得实信息科技有限公司合作开发《陕西工业职业技术学院顶岗实训预约管理系统》,该系统可实现企业信息注册和岗位列表,让学校和学生及时了解企业需求和人才需求。

长沙民政职业技术学院把顶岗实习作为学生专业教育的一个重要环节和综合素质提高的一项关键措施,比如电子信息工程系创建了"为了学习而工作"的顶岗实习模式,从单纯的顶岗实习到形成专题研究报告,形成了"行业认可、企业欢迎、家长满意、学生受益"的教学模式。

5. 举行"三结合"论文成果答辩会

通过举办"论文答辩、成果展示、现场签约"三结合的就业招聘会,以毕业生"就业推荐"为中心,以毕业设计"作品展示"为载体,由教师和企业专家共同参加学生的毕业设计(论文)开题答辩或结题答辩,现场展示学生的技能、作品和学习成果,双方觉得满意即可就顶岗实习和就业岗位进行现场签约,让学生感到只有学到真本事才能找到好工作,使教师感受到怎样的学生才是企业需要的,企业也能够便捷地挑选到适合的员工。

成功的案例院校有顺德职业技术学院、湖南工艺美术职业学院等。

顺德职业技术学院成功举办了毕业设计展暨珠三角设计人才供需见面会,其中多名优秀毕业生向企业解说亲手设计、制造的家具,改变由学校"唱独角戏"的局面。

湖南工艺美术职业学院举行了多次毕业设计汇报演出,展示了毕业生精心设计的20余件作品,共有湖南工艺美术职业教育集团42家成员单位的50位代表参加,引起了企业与社会的关注,极大地促进了学生的就业,提升了高职教育的品牌形象。

6. 建立完善的"双重"评价体系

建立可操作的评价体系是毕业设计工作取得成功的重要保障。针对毕业设计过程中的活动,应建立完善有效的"双重"评价体系,包括毕业设计过程评价体系和毕业设计质量评价体系。

毕业设计过程评价体系包括对学生设计过程的评价、对指导教师指导过程的评价、对毕业设计最终结果的评价;毕业设计质量评价体系主要由平时成绩评价体系、毕业论文质量评价体系、毕业答辩评价体系和项目系统评价体系组成。毕业设计的总成绩也由这几项的成绩组成,各评价体系的考察要点可根据各项所占的权重,根据学院具体情况分配。

在毕业设计任务的实施过程中,陕西工院结合专业特点和学生就业岗位特点,进行了多次实践和创新,其中答辩环节的实践、网络平台的应用等对毕业设计环节的管理进行了全面的监控,取得了较好的效果。

四、职业教育课程开发模式的探索与实践

在职业教育课程领域内,始终存在着普通论、学科论、基础论课程理念与专业论、职业论和实用论课程理念的冲突。要树立先进的职业教育课程理念,就必须彻底解构传统的课程理念,树立适应职业教育发展的现代课程理念,开发适合现代职业教育的课程体系。

笔者曾有幸参加了香港理工大学"职业教育课程开发研修班"的学习,受益匪浅。赴港学习主要是按照陕西工业职业技术学院创建"国家示范性高等职业院校"的建设要求,构建以工作过程为导向、以技能培养为核心、以项目驱动为载体的课程体系,以建设一批以工作过程、项目教学、任务驱动为导向的专业核心课程为目标。

以下针对笔者在香港理工大学工业中心接受学习的情况谈谈自己对职业教育课程开发的几点认识。

(一)职业教育课程开发的准备工作

在开发课程前,我们必须先认真思考以下几个问题:我们希望或估计这些专业的毕业生将来到哪类企业工作?做什么岗位?这些岗位职责及企业所要求的综合能力和素质又是什么?我们教授的内容对学生的就业有帮助吗?

我们必须思考清楚以上问题才可以开始开发课程。要做好此项工作,就必须做好调查,主要是对该专业即将毕业学生的就业分布预估,见表5-4。

表5-4 课程就业分析预估统计表

序 号	企业类型	岗 位	综合能力和素质的要求	预估/(%)
1				
2				
3				

续 表

序 号	企业类型	岗 位	综合能力和素质的要求	预估/(%)
4				
...				

(二)开发过程中的四要素

简单来讲,要想成功开发出具有实效的职业教育课程,在开发过程中必须结合以下四项要素:

1. 掌握结构清晰、条例分明的课程开发流程

要有效地开发课程,就要了解企业对员工知识、技能和态度的需求,了解学生入学时的水平,需要做哪些改进。为了有效地开发课程,我们可以采用以预期学习成果为基本的课程评估方法、充分开展校企合作和基于工作过程导向的方法。

2. 了解企业的需求

在开发课程之前,我们必须先认真思考:我们希望或估计这些专业的毕业生将来到哪类企业工作?做什么岗位?这些岗位职责及企业所要求的综合能力和素质是什么?我们所教授的内容对学生的就业有帮助吗?

3. 课程内容包含企业所需的专业知识与技能

老师要具备相应的专业知识,更重要的是老师要真正地了解企业的需求。

4. 具备坚韧的自我推进能力

老师要具有学习的主动性,来充实自己的专业水平。

只有把以上四项要素有效地结合在一起,才能开发出具有实效的课程,通过这些具有实效的课程设计,才有机会培养出受企业欢迎的学生。

(三)职业教育课程开发的实施过程

1. 开发职业教育课程的第一步——课程开发申请

我们在开发一门课程之前,首先应该清楚和明确所开发课程的具体内容,包括课程名称,课程所属专业,课程要包含那些内容、课程开发的目的,预期学习成果(完成课程学习后,学员有何收获),对象班级,班级人数(分组情况说明),预计学时,教学方法和学习模式,考核方式,入读条件,建议学分,预计课程开发所需时间,申请人及审批人姓名及签字,申请日期及批核日期。填写课程申请表是进行职业教育课程开发程序上的第一步工作。

2. 课程设计时需要考虑的要素

通过图5-1,我们可以了解到职业教育课程开发的流程。在该流程中,重点是课程设计的开发,而要做好课程设计的开发,就应该针对企业对毕业生的需求进行开发。通过分析比较企业在产品开发时需要考虑的要素,得出职业院校在培养学生时需要考虑的要素。企业在产品开时需要考虑的要素主要包括:顾客对产品的综合性能的要求、原材料的特质;原材料需要进行哪方面的加工、自身的加工设备资源情况;计划的产品功能效果。那么院校在培养学生时可以从以下几方面进行考虑:了解企业对毕业生的综合能力的要求、学生的素质、了解学生缺乏哪方面的知识、技能、态度、自身的情境构造资源情况、预期学生成果。而企业对学生的要

求,是我们在培养过程中应该注意并重视的内容,是我们进行具体的课程设计时应该考虑的重点要素。

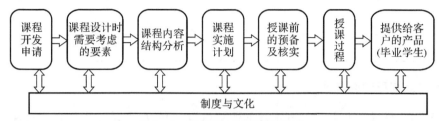

图 5-1　职业教育课程开发流程

在进行课程设计时,要充分考虑以上因素,以帮助我们进行完整的课程设计,其中需要教师尽全力帮助学生从学生角色过渡为职业人角色,学生素质差及能力差并不是教师的责任,但不能提高学生的素质及能力就是教师的责任。教师要对工作充满激情,培育好学生是教师的天职。在充分考虑学生缺乏方面的知识、技能和态度上,需要改进专业培养目标,充分了解企业对员工知识、技能、态度的需求,了解学生入学时的水平。

3.课程设计中的预期学习成果

成果和内容的差异是非常重要的。采用成果为本的课程取向意味着学生从"学习内容"向"获得知识、能及态度"的观点转变。

在成果为本的取向里,最主要的当然是成果,而不仅仅是内容。教师必须认识到学习成果的重要性,思考什么才是学生毕业后应该拥有的素质,什么才是教师期望学生能灵活运用的知识和技能以及学生在未来工作的岗位上怎样才能突出工作表现等问题。

在以预期学习成果为评核价和考核标准的课程开发中,教师应根据企业的实际需要决定授课内容,以确保讲课能达到预期的教学效果。教师在整个教学过程中应采用互动的方式,这对教师课程内容的组织和备课的时间提出了要求,充分体现了以学生为本的教学观。

(四)采用以学习成果为本的课程取向

社会上的各行各业都希望大学能培养具有一定能力的毕业生。采用以学习成果为本的课程取向更能有效地帮助学生获取相应的知识、技能和态度。同时,在课程设计上采用以学习成果为本的取向更能获得以下好处。

1.为课程发展提供框架

以学习成果为本的课程设计能具体地指出学生应具备的专业知识、技能及素质,并能明确毕业生在选修课程方面应达到的水平。这个中心思想成为各门课程的统一框架。它能更一致地增强课程中不同科目的连贯性,而教师也能更清楚自己在课程上应做的贡献。

2.为教学及评核提供有用的指南

提供一个清楚的学习方向,有助于进行教学及评核的规划工作。例如,预期学习成果要求学生能运用某些知识和技能来解决一些专业问题,教师便可提供相应的教学内容,制定相应的评核标准来辅助学生。

3.鼓励学生自发学习

当预期学习成果得到明确后,学生就能预期未来的工作需要掌握的思考能力、知识、技能和态度,就能鼓励其自发性学习,为他们在未来的工作岗位上取得更好的成绩奠定基础。

(五)教学与学习方法

如果把"预期学习成果"看作授课的目的,那么"教学与学习方法"就可看作达到授课目的所使用的手段。常用的教学与学习方法有以下几种:

1. 互动讲课

互动讲课是一种非常好的教学方法,可以帮助和启发学生更有效地学习,还可以在不知不觉中把一些重要的知识或概念灌输给学生。

2. 以报告为基础的学习

学生需要主动进行个别研究,以撰写报告的形式提出解决问题的方案。

3. 电子学习

主要是利用计算机、多媒体教学、网上教学等平台,为学生提供一个虚拟的仿真学习环境。

4. 角色扮演

通常五六人一组,通过角色扮演体验该角色的工作。

5. 实地探访

通过实地探访,学生可直接观察真实的工业生产活动。

针对职业教育教学的特点,从职业教育课程开发的前期准备、开发过程中的要素分析、职业教育课程开发的实施过程、采用以学习成果为本的课程取向、教学与学习方法等五个方面,分析探索了职业教育课程的开发模式,对构建以工作过程为导向、以技能培养为核心、以项目驱动为载体的课程体系有很大帮助。

第六部分　学生工匠精神培育路径研究

2015年,国家将"大众创业""万众创新"正式写入政府工作报告,创新、创业成为社会经济发展的新引擎之一。为此,国家出台了"大众创业、万众创新"的一系列文件,从国家层面顶层设计、全面部署和持续推进创新创业工作。教育部也下发了针对创新创业教育的一系列文件,其中包含了高等学校创新创业教育改革的实施意见,全面深化课程改革、全面提高人才培养质量等核心内容。同时,教育部针对高等职业教育发展的《高等职业教育创新发展行动计划(2015—2018年)》中也从课程群建设、创新创业教育资源等方面对创新创业教育提出了要求。

高等职业院校的创新创业教育不仅仅是面向学生的创新创业教育,而应该是面向教师和学生双重主体的创新创业教育。高等职业院校推进创新创业教育,应该建立面向教师和学生的创新创业教育体制机制,同步创造创新创业环境,要通过强化实践,在人才培养方案中融入创新创业教育,在教科研管理、创新平台管理中强化教师的创新创业思维及项目开发,要持续培养学生创新意识、激发创意思维、提高创造能力、弘扬创业精神,引导和激励学生拓宽思维、大胆创新,深入开展大学生创新创业教育活动。

学生能力提升是学校育人的主要教学目标,学校要通过进行学生创新团队建设来优化教学任务,培养学生"知行合一"的创新创业能力。高等职业院校重视实践课程教学,也重视学生对理论课程在实践中的应用与创新,所以更应该重视学生创新团队建设,重视团队的运作模式、团队管理以及扶持与奖励措施。学院要在贯彻执行院校发展的各项制度的基础上,让学生有更多的实践机会和创新创业实践条件,要在创新创业发展过程中给予学生物质、精神、经费以及技术上的支持。可从四个方面着手:一是鼓励建立跨学科、跨专业的学生创新团队,建立交叉学科的人才培养新机制,要在空间、时间、课程设置、实验室使用等方面给予学生充分的自主权;二是强化学生专业社团的建立与管理,要不定期举办创新创业讲座和沙龙,要满足不同学生的不同需求,建立多样化的学习方式及学习体制;三是建立各级各类创新创业实践平台,要通过设立大学生创新项目推动学生在进行项目研究活动中的主体作用,要在导师的引导下由学生实现项目训练、经费管理、平台运行上的探索性创新创业实践;四是改变现有大学生各级各类经费资助方式,通过引导学生开展项目研究和团队建设提升实践技能。

一、创新创业教育是高职教育人才培养过程中培养工匠精神的重要环节

高等职业院校的创新创业教育是人才培养过程中的重要环节,我们要更新课程教学理念,将跨学科思维和跨学科团队组建作为人才培养的突破点,激发教师和学生在教学过程中的创新思维,对教师和学生在知识积累过程中形成的创新点给予支持和保护,制定有效的激励措施

引导教师和学生在创新创业中心、创新工作室、实训基地、专业协会、社团组织等训练载体上开展多样化的实践训练,要制定科学合理的人才薪酬制度,尊重教师在进行创新创业过程中付出的脑力劳动。

高等职业教育的创新创业教育不是单一的面向部分感兴趣学生的创业教育,也不是促进就业的创业教育,而是面向全体教师和学生的多样化教育。创新创业教育是同时面向教育者及受教育者的创新创业教育,是培养教师对待专业知识求实创新的一种理念,是要求教师在专业的教学方法、授课方式上持续改进的一种教育。

二、构建与专业教育深度融合的创新创业教育体系是关键环节

(一)聚焦专业发展,深化专业教育与创新创业教育的双向融通

高等职业教育院校在进行创新创业教育过程中要从专业建设与专业发展的实际出发,找到专业建设与创新创业教育的契合点,利用体制机制激活创新创业教育在高等职业院校人才培养过程中的活力,使其有机融入专业建设和专业发展过程中,融入师资队伍建设和学生技能提升的全过程。可从三个方面着手:一是形成创新创业教育的良好氛围,工作的开展需要成立创新创业委员会,建立工作推进小组,要在场地、政策、企业引入、项目孵化、团队建设、激励措施以及实施载体上形成实施方案和实施细则;二是强化师资团队的创新创业能力培养,创新创业教育需要以中青年骨干教师为重点,要在项目、经费上给予充足的支持,要运用好院校建设教师工作室、技能大师工作室、技能大赛训练营等技能提升载体和平台,要创造环境让中青年教师有精力和时间带团队,团队包括教师团队和学生团队;三是建立多样化的学生技能提升途径,高等职业教育在学生技能培养的过程中,要创新工作方法,要建立灵活的人才培养体系,要解决好学生在项目参与、专利申请、创新成果展示等技能提升过程中与当前专业课程考核之间的矛盾,要在体制机制上鼓励学生运用院校的各种平台进行专业能力训练与提升。

(二)优化专业结构,构建创新创业教育人才培养体系

高等职业院校专业规划和建设要对接产业,要适当融入创新创业课程,实现专业结构的持续优化;要结合院校办学综合条件、总体规划和创新创业教育需求,适当控制专业及专业群数量;在进行创新创业教育过程中,需遵循双创教育培养规律,构建基于"认知－训练－实践－拓展"的创新创业培养体系,实现双创能力的持续提升;要做好人才培养方案中的基础课程的规划和设计,通过创客空间、训练营等载体对学生进行技能提升训练,引入企业项目、教师研发项目或创新项目,引导学生进行实践能力的自我培养,后续通过创新创业项目、互联网＋技能大赛或院校引入的项目孵化企业进行项目总结与提升。

三、高等职业院校创新创业教育改革是实施工匠精神的关键途径

高等职业院校实施创新创业教育改革,应该是面向管理者、教师和学生的全方位的创新创

业教育。管理者主要是在决策层顶层设计,允许并鼓励创新创业活动在学院各种载体及平台上健康运行;教师是实施创新创业教育教学工程的实施者及创新者,学生是创新及复合应用型人才的受教育者,我们要将课堂中的一元主体拓展到校园文化中的多元主体,实现教师和学生的同步提升,提升学生适应社会的基本能力。

(一)优化师资队伍建设是实施创新创业教育的基础保障

高等职业教育要优化师资队伍,组建多元化、跨学科、多领域的创新创业团队,师资队伍建设是有效实施创新创业教育、提高人才培养质量的基础保障。在国家、各省厅已经下放职称评审权的考核激励体制机制的推动下,高等职业教育要在专业技术职务评聘和绩效考核中将创新创业教育作为考核指标之一,建立定期考核、优胜劣汰的奖罚机制,要建立新的聘任机制,吸引企业技术能手、企业工程师加入职业教育学生的培养中,要创造条件提升师资团队的整体实力。可从以下四个方面着手:一是提升现有师资队伍中实践技能教师的比例,鼓励教师开展创新创业项目训练并给予奖励;二是继续加大奖励措施,鼓励教师到企业进行挂职锻炼,要敢于破解当前教师企业挂职中的问题瓶颈;三是要加大力度支持教师进行科研成果创新和科研成果转化,在国家奖励政策的支持下,院校要灵活管理体制机制,加大奖励措施,将创新创业项目团队建设与国家级技能大赛同等重视并做好项目的孵化工作;四是建立校内外相互结合的跨学科团队,在团队的成立、经费支持、项目引入、企业引入等方面放宽政策,充分营造鼓励跨学科的师资团队建设新平台。

(二)实训基地是职业院校实施创新创业教育的重要课堂

高等职业教育要面向企业、行业开放实训实验场所,引入企业项目和行业建设标准,将实训实验场所作为学生创新创业教育基地、学生技能训练营、技能提升工作坊;要结合专业及实训室特点,建立专业学生兴趣小组、专业社团或技能协会,促进学生能力培养、技能提升以及项目孵化;要通过奖励激励措施选聘优秀企业工程师担任院校项目指导教师或兼职教师。

当前,高等职业院校都做到了将创新创业教育融入人才培养的全过程,但是要充分利用实训基地实现双创训练、竞赛、孵化和实习的全过程,通过实训基地载体,打造创新创业教育平台;要在实训基地中融入创新创业能力培养的专业社团,要将专业社团的融入度、学生项目的参与度作为教师考核和奖励机制的重要指标;通过已经建立的院校、省级、国家级技能竞赛平台,建立将技能大赛成果转化成学生总体技能提升的有效机制,要充分发挥竞赛实训平台的作用;院校要和行业产业、区域充分协调,利用好省级协同创新中心在学生技能提升中的功能。

创新创业教育不是就业教育,创新创业教育是国家全面深化创新创业教育改革背景下的学生素质与技能同时提升的教育,对于高等职业教育而言就是推进职业教育改革的重要引擎之一。高等职业教育应以此为契机,加大人才培养的优化和整合,创新工作方法、管理方法、运行方法以及新体制下的人才培养模式,要创造环境为教师、学生、企业、行业共同营造良好的创新创业氛围。

第七部分　国外工匠精神培育研究

一、新加坡"技能创前程计划"对我国推行终身职业技能培训制度的启示

党的十九大提出要大规模开展职业技能培训,建立知识型、技能型、创新型劳动者大军。2018年5月,国务院印发了《关于推行终身职业技能培训制度的意见》(以下简称《意见》),明确了当前职业技能培训工作的目标任务和政策措施,提出推行终身职业技能培训制度,促进普惠均等、坚持需求导向、创新体制机制、坚持统筹推进等基本原则。笔者在新加坡南洋理工大学访学期间,认真仔细研究了新加坡在推行终身教育过程中推行"技能创前程计划"中的运作方式及鼓励措施。

受2008年世界金融危机影响,新加坡政府发现以港口贸易和制造业出口为主的经济发展模式造成了新加坡的制造业发展和人力资源失衡。2010年之后,新加坡劳动力市场出现低迷的状况。全球金融危机之后,随着世界港口中心向上海转移,过去10年间,新加坡政府以区域研发、教育服务及全球创新作为自身新的定位,以提高实效的教育培训体系作为经济稳固的核心,以满足国内制造业与服务业的人才需求。

(一)新加坡"技能创前程计划"的提出背景

为提升技术技能人才服务产业能力,新加坡政府开始从传统的精英教育模式向全民教育、人人教育的内在提升型模式进行转变,采用知识密集型的发展模式带动新加坡经济发展。2014年9月,新加坡政府成立了未来技能委员会("未来技能"后改为"技能创前程")。该委员会的主要任务是帮助个体在教育、培训和职业上做出明智选择,制定完整且优质的教育及培训体系,与企业联合规划和设计技能架构,依据员工潜能进行培训,培养终身学习文化等。新加坡精深技能发展局(SSG)属于该项目的主导机构,是新加坡教育部(MOE)下属的法定机构,主要工作职责是推动和协调全国精深技能发展运动,通过技能的掌握和精通,培养终身学习的优良文化,巩固新加坡的优质教育发展成果。

新加坡"技能创前程计划"主要包括技能创前程在职培训计划、技能创前程补助计划、技能创前程进修奖、技能创前程专才计划、技能创前程领袖培育计划和技能创前程导师计划等。新加坡政府认为,国民在完成传统的教育后,在工作时学习是提升自身技能和知识的最佳途径。截至2018年1月,新加坡有超过28.5万名工作人员使用技能培训补助,报读和参加新加坡精深技能发展局认证的课程和工作坊培训项目。

(二)新加坡"技能创前程计划"的主要内容及鼓励措施

新加坡"技能创前程计划"采用政府购买服务的模式进行实施,政府制定政策并提供资金支持,市场机构和社会组织提供培训服务,企业、员工和学生享受技能培训服务。该培训计划提供的种类繁多的职业技能培训课程都是由政府认证的新加坡大学、理工学院、工艺教育学院和部分培训机构所提供的。

1. 技能创前程在职培训计划

"技能创前程在职培训计划"主要是针对理工学院和工艺教育学院的毕业生的学科相关职业生涯培训计划,以使他们在获得学校技能和知识基础上,更好地向劳动力过渡的一种学习培训计划。刚从理工学院毕业的大学生以半工半读的形式培养精专技能,他们在受雇的企业中接受系统化的在职培训的同时,也回到学院补充所需知识。因为毕业生要服兵役,企业可以在毕业生或者国民服役人员退伍的三年内招聘他们。

该计划与行业合作设计培训项目,以确保培训内容与企业的紧密关联并紧跟行业发展。该计划从初期的15种课程增至62种课程,涵盖25个领域,如宇航、生物医药、食品服务、游戏开发、医疗保健、酒店、资讯科技、零售、学前护理和教育、人力资源管理、媒体、医药科技和体育等。培训者通过培训可以取得兼职文凭、高级文凭和理工学院的专业文凭,以及新加坡劳动力技能资格证书(WSQ)等。

2. 技能创前程补助计划

技能创前程补助计划主要分为联盟培训援助计划、学费资助计划、未来技能中途职业培训津贴计划、就业培训(WTS)资助计划、技能创前程培训补助计划等五种形式,其中联盟培训援助计划是针对新加坡全国总工会成员(NTCU)的培训福利计划,凡是总工会会员每年可享受50%的无资金课程费用,最高补助250美元,每项申请必须达到至少75%的出勤率,并在课程结束后的6个月内按照课程要求参加考核;年龄在40岁及以上的新加坡公民和永久居民,处于中期职业阶段,至少可以获得90%的培训津贴(主要针对新加坡教育部和新加坡劳动力发展局的课程);年满25岁的新加坡公民可以申请500美元的技能创前程培训补助来支付培训学费;年龄在35岁及以上,每月收入在2 000新元以下的新加坡公民可以申请就业培训计划(WTS)95%的资助费用。比如南洋理工大学孔子学院是精深技能发展局指定的合格培训机构之一,其举办的工作场所使用的华语课程获新加坡精深技能发展局新技能资格框架下的受雇能力技能认可和支持,新加坡公民或永久居民进行商务中文课程学习,可以得到相应的津贴资助。

3. 技能创前程进修奖

新加坡技能创前程进修奖是为了鼓励新加坡人学习和提升未来经济增长所需的专业技能,同时支持已具备深厚专业技能的新加坡人发展其他能力。2015年起设置了500多个研究项目,目标是每年颁发2 000个研究奖项。该项目也鼓励体障者和为体障者提供就业训练的指导员申请,目的是帮助体障者和为体障者提供就业训练的指导员提高自身技能,以便更好地在体障者的就业道路上协助体障者及其雇主。政府给予成功申请到奖项的新加坡人5 000新元助学金。该助学金无须履行特定的服务期,可以冲抵修读多个领域课程的费用,也可以同时申请政府课程费用补贴,并给予修读硕士、学士及专科文凭课程的机会,目的是帮助新加坡国民在社会服务、资讯通信科技以及航空运输等领域提升自身技能。

该奖项申请条件必须是具有工作经验的新加坡公民,奖项的申报可以是个人直接申报,也可以是雇主以提名的方式帮助员工申请,奖项不设年龄限制。根据新加坡2016年劳动力发展局提供的资料显示,奖项得主报读的课程横跨13个领域,其中有金融、建筑环境与企业国际化等课程。目前,新加坡设置了涉及会计、航空运输、建筑环境、清洁技术、残疾人就业、能源和化学品、食品服务、酒店、医疗保健、资讯通信、国际商务、法律、物流、海洋与近海工程、会展、电力、精密工程、私营安保、海运、社会服务、旅游、培训与成人教育、旅行社、世界技能竞赛等36个行业及部门的进修奖申请项目。

4. 技能创前程专才计划和雇主奖

新加坡技能创前程专才计划主要是针对在同一工作领域累积至少10年经验的本地专业人士的现金奖项,申请者用政府提供的1万新元款项资助培训,继续深化技能。与之对应的,新加坡政府也设置了针对雇主的技能创前程雇主奖,该奖项是由新加坡劳、资、政三方于2016年推出的一个奖项,设中小企业组和非中小企业组两个组别。该奖项主要颁发给长期支持技能创前程计划,积极投入资源支持员工进修的本地注册公司,包括中小企业、大机构与志愿福利团体。与技能创前程专才计划不同的是雇主奖属于非现金奖项。

新加坡人力部为了发挥人力资本极限,推动业务转型,制定了《人力资源行业发展计划》,人力资源领域的技能架构由新加坡精深技能发展局、劳动力发展局、人力部和人力资源专才学会联合主导,属于新加坡技能创前程专才计划的一部分。

5. 技能创前程领袖培育计划

技能创前程领袖培育计划是新加坡政府于2017年推出的一项企业领袖培育计划,其目的是加强新加坡政府与行业伙伴合作,协助整个劳动队伍具备掌握机遇所需的技能,同时帮助企业领袖深化技能,加强企业同国内外伙伴的合作关系,巩固新加坡作为亚洲及全球科技、创新和商业枢纽的地位。通过该计划鼓励公司把有潜力的人才派驻海外,培养他们成为能掌握国际市场动态的企业领袖,进而深化本地企业的国际关系。

新加坡在2017年财政预算方案中提出,2017年政府将拨款1亿新元资助全球创新联盟(该联盟是鼓励大专院校学生去国外的起步公司实习的一种模式)和技能创前程领袖培育计划,鼓励新加坡人到海外取经、构建网络、掌握新兴技术和参与产品生命周期环节,如构思研发和测试。未来三年新加坡将通过"技能创前程领袖培育计划"培育800名企业领袖。为了帮助企业扩大联络网,进军迅速发展的东南亚市场,新加坡政府2018年推出技能创前程领袖培育计划的"亚细安领袖课程",培养企业领导人推动企业和行业转型的能力,新加坡工商联合总会和新加坡管理大学在帮助中小型企业领导者推动企业转型上也推出了技能创前程领袖培育计划。

6. 技能创前程导师计划

技能创前程导师计划是新加坡政府为了提升中小型企业的培训能力,与业界制定的发展各领域人力资源的一项培训计划。中小企业雇主如有意加强雇员的学习与发展能力,可通过"技能创前程中小企业导师计划"与有经验的导师配对,在导师的协助下改善公司现有的学习与发展系统和流程,并给予直线经理和管工适当指导,帮助提升他们培训下属的能力。

以新加坡CKE制造厂为例,2016年6月新进一名实习技工,企业发展经理和人事部制定了公司的培训合作发展制度。为改善员工的培训和发展,减少人才流失,CKE制造厂参加了由新加坡企业发展局推出的"技能创前程中小企业导师计划",获配一位人力资源专家外援,指导公司如何更好地满足员工的学习需求。在人力资源专家导师的指引下,公司先根据需要弥合的学习和发展落差拟订一套计划,确认由哪些经验的督工和经理担任内部培训员的重任,计划制订好后,新来的实习机工和在公司拥有16年经验的督工配对,由督工负责培训新人,并为新人设计一套系统化的半年培训计划,涵盖各种工作要求、须执行的任务和安全程序等。为将员工的培训和发展做到尽善尽美,公司每年制订一套培训计划,每隔两年编写一次学习需求分析报告,以确保所列出的技能和学习计划仍合时宜,让员工持续学习和发展。

(三)新加坡"技能创前程计划"对我国推行终身职业技能培训的启示

1. 持续强化顶层统筹,打破垂直管理,形成组织实施共同体

(1)成立终身职业技能培训组织实施共同体。新加坡在推行"终身学习运动"时成立了由副总理兼经济及社会政策统筹部长尚达曼担任主席的未来技能委员会,以"技能创前程计划"为抓手,推行了全国性的学习运动,成员包括政府、产业界、教育和培训机构代表等。由于国情与地域面积较小等,新加坡实施该项学习运动时在相关政策在操作层面直接落地。为保证我国的终身职业教育技能培训制度落地,我们可从中央、省级层面成立"终身职业技能培训委员会",成立由政府各部门(人社、教育、发展改革、财政、工会等)、产业界(行业企业协会等)、教育界(高等教育及其他培训机构)、社区代表(推行社区服务的机构代表)等组成的委员会。

(2)实施共同体的工作任务及职责。成立委员会,明确任务实施共同体的工作任务与职责,落实从面到点的可持续发展的终身教育核心任务,构建省级加强国民终身职业教育技能培训的体系框架,让国民熟知自身在职业生涯中针对国家职业教育培训体系中的职业定位和发展途径,打破传统垂直管理,从省级层面使各政府部门达到协调一致,让实施部门,如企业、行业、高等教育试点院校、试点社区直接参与培训体系的架构设计及任务落实,构建模块化、区域化的人才培训体系,形成组织实施共同体,促进人才提升区域化。

2. 充分发挥现有资源在推行终身职业技能培训中的资源配置作用

在新加坡的终身学习运动中,院校发挥了主导作用,政府将各种补贴,如员工、导师等补贴和院校的课程培训、学生的企业实习充分结合、有机融合,同步促进了院校的课程设置和调整。

(1)政府统筹,充分发挥现有高等教育资源在职业技能人才培养中的配置作用。完善我国已经建立的终身职业教育技能培训制度,探索建立新的教育服务学习制度和国民终身职业技能培训的学习成果认证、积累、转化以及奖励机制。在院校层面,以高等职业教育为例,建议将职业教育专业教学资源库、在线课程资源库等高等职业教育教学资源与国家层面终身教育培养体系结合起来、将课程建设资源与社会生产、经济发展结合起来,从服务学生向服务企业职工和社会学习者过渡,探索促进学习型社会建设的终身教育学习制度。当前,教育部支持建设的99个高等职业教育专业资源库所包含的专业大类与全国三大产业布局基本一致。职业教育应该是服务全社会的职业教育,不是只服务在校生的职业教育,我们要转变观念,促使高等教育包含职业教育拓展服务职能。

(2)政府导向,充分引导高等教育资源建设与人才培养的有机接轨。为了达到校企产教深度融合,要充分发挥企业和院校的主体作用,要将企业的自主培训和院校开展的员工技能培训、学生顶岗实习有机结合,要将政府补贴和企业员工培训、院校毕业生就业有机结合起来,让企业认识到院校培训和企业自主培训对于促进员工技能提升及院校人才培养的重要性和紧迫性;试点将专业资源和课程资源向社会实现"政府补贴+企业税收+个人支付"的有偿服务,建立国家配套员工及个人培训课时津贴补贴,企业缴纳员工技能发展税,个人支付部分课时费等形式;对于未就业人员,政府要通过政策及补贴支持人员参加技能培训,以强化终身职业技能。参照新加坡的"技能创前程计划",建立针对不同年龄阶段、不同知识层次、不同就业状态的培训学习补贴及考证培训体系,鼓励全面学习,实现全民增值,也可以倒逼高等院校的学科建设、专业建设及课程资源与企业的文化、技术接轨。

3. 建立面向人人、服务终身的职业技能培训服务平台

深化国民技能和增强企业实力应是推动我国实现经济转型的关键因素之一,政府可为企业提供更具有针对性的援助,帮助企业具备应对经济发展、参与国际竞争的能力,按照行业产业需求,通过制订不同层次的国民培训计划,协助各个年龄阶层的国民深化技能,可建立基于网络平台和手机应用程序相结合的一站式国民个人成长职业技能培训资源库平台。

(1) 平台建设内容及特点。平台可提供国家政策普及、免费资讯共享、就业岗位需求、培训分享、职业导师指导、认证体系建立、职业成长规划、在线课程学习及个人终身学习档案等内容,整合现有各级各类政府资源、网络资源,让国民实现一站式资源分享,也有利于推动互联网资源的有效利用。平台建设可结合省份和区域特点,分布试点实施,将国家的补贴政策、国家推行的终身职业技能培训制度,分地域的企业自主培训、市场化培训、院校辅助技能培训让全民皆知,有效推动全民学习运动。

(2) 平台建设需求及功能。在平台中实现国民搜索适合自身发展的培训课程、报名课程及申请各级各类培训津贴平台开发基于人才成长的自我评估与职业规划工具,让国民发掘自身的工作兴趣和发展方向,实现不同层次、不同地域、不同类别的国民规划自身的学习与职业前程,更好地应对未来社会的需求。平台建设的主要功能是促进全民教育、实现全民皆知自身职业生涯的定位和可供自身发挥的职业途径,引导国民快速提升技能,而不是盲目追从。

(3) 平台建设扶持及培训体系。在平台资源建设上,政府要鼓励高等教育机构和具有一定职业技能培训资质的培训机构开展国民培训,可采用向企业、高校、机构购买服务的形式,引导和鼓励企业提供员工培训方案,人才需求年度报告,企业岗位实习方案、企业导师学徒计划等,给予企业、院校、机构相关补贴,用于支持职业导师及人才持续培训。在面向人人的终身职业技能培训体系中,可针对不同人才层次,建立单元化、模块化课程,以实践为主,体现岗位需求的技能课程,突破学历教育体系,持续完善政府认证、企业认可、行业对接并与经济发展接轨的单元化模块课程认证,技能认证,建立针对不同层次的国民终身职业技能培训体系。

二、新加坡持续教育与培训体制的探析与启示

从新加坡教育分类来看,新加坡的职业教育主体主要由理工学院、工艺教育学院和部分培训机构组成。新加坡的职业教育以 2014 年发布的《理工学院及工艺教育学院应用学习教育检讨报告书(ASPIRE)》为分水岭,在制定的《新加坡持续教育与培训 2020 总蓝图》基础上,重新布局和定位了新加坡的职业教育发展。其中,ASPIRE 委员会报告书主要专注改革理工学院和工艺教育学院的教育制度,持续教育与培训机构主要针对整个劳动队伍,两者均属于一套培训体制和持续教育的部分。

2018 年 3 月,新加坡国会通过了凸显终身学习和通识教育的教育开支预算辩论,新加坡教育部计划今后三年增加高等教育终身学习项目的经费开支,从目前已投入的 2.1 亿新元再

增加1亿新元。额外拨款主要用于高等教育的终身学习项目,如技能创前程新兴技能系列等持续教育与培训(简称CET)课程,受惠的是六所公立大学、五所理工学院,以及工艺教育学院。新加坡人对技能创前程新兴技能系列短期课程反应热烈,2018年计划短期课程培训学生人数800人,但报名者约有4 900人。

新加坡教育部长(高等教育及技能)兼国防部第二部长王乙康说,新加坡需要的是新式高等学府,不单凭及格率、就业结果或国际排名来衡量成功,也包括学生长远的韧性,以及他们有多愿意冒险、创新和创造。他说:"我们可通过重塑教育系统,确保新加坡的长期繁荣,以及世世代代持续的社会流动性。"

(一)ASPIRE委员会对新加坡职业教育发展的推动

1. 关于ASPIRE委员会

为了促进职业教育发展,统筹资源,2013年11月,新加坡宣布理工学院和工艺教育学院评审应用研究成立ASPIRE指导委员会,委员会由国家法律和国家高级部长担任主席,委员会成员单位主要由新加坡教育部、人力部、卫生部、贸易和工业部、新加坡南洋理工大学、SIM大学、义安理工学院、淡马锡理工学院、南洋美术学院、新加坡渣打银行、新加坡劳斯莱斯新加坡私人有限公司、亚洲/澳大利亚西门子私人有限公司、壳牌东方石油(私人)有限公司、(东南亚)PSA国际私人有限公司等4个政府部门、6所职业院校、12个国际企业和1个商业银行组成。

ASPIRE委员会的主要任务是研究如何使理工学院和工艺教育学院在应用教育途径上的各项工作得到加强,将理工学院和工艺教育学院提升到一个新的水平。为了将ASPIRE委员会的实施意见真正落实到人才技能提升中,新加坡政府扩大了新加坡劳动力发展局的职能范围,以协调各种行业参与职业教育。为此,新加坡政府还成立了由副总理领导的三方委员会,管理和协调教育、培训和职业途径等工作。

为了确保理工学院和工艺教育学院的毕业生能够更好地获得教学成果和就业机会,ASPIRE委员会在《理工学院及工艺教育学院应用学习教育检讨报告书(ASPIRE)》中提出了以下要求:一是更好地匹配学生的优势和兴趣,使学生在应用教育途径上发挥最大潜力;二是深入开展校企合作使理工学院和工艺教育学院学生可以学习深厚的技能和知识,享受更好的职业发展;三是加强行业合作,提高质量,为理工学院和工艺教育学院学生提供教学和学习机会。

2. 新加坡ASPIRE委员会对职业教育发展的意见和建议

2014年8月,新加坡ASPIRE委员会制定了《理工学院及工艺教育学院应用学习教育检讨报告书(ASPIRE)》,从四个方面十条建议对职业教育发展提出了建设性意见和建议。新加坡政府接受了委员会提出的改革意见,并委任副总理领导劳资政委员会,制定一套结合教育、培训与工作升迁的职业发展渠道,落实理工学院及工艺教育学院应用学习教育检讨委员会的建议。

报告中指出,一是帮助学生做好知识教育和职业选择,建议加强职业学校、工艺教育学院和理工学院学生的教育与职业辅导;二是加强教育和技能培训,建议强化企业实习课程,并根据需要加长实习期,建议增加高级国家工艺教育局证书(Higher Nitec)名额,建议委任某工院或工教院作为行业领导,协调业界联系工作,建议为学生提供全面支持,培养领导、创新能力,加强品格教育,建议多利用网络课程,让毕业生随时能复习或更新知识;三是帮助理工学院和工艺教育学院学生深化毕业后技能,建议推行入职培训计划,在工作中接受培训;建议增加持续教育与培训机会,巩固并提升技能,建议在国民服务期间根据学生的职业技能进行部署;四是帮助理工学院和工艺教育学院毕业生在职业生涯中得到系统化发展,建议与行业合作针对具体部门制定不同行业的技能框架和职业发展途径。

(二)《新加坡持续教育与培训 2020 总蓝图》确定持续教育发展趋势

1.关于《新加坡持续教育与培训 2020 总蓝图》

《新加坡持续教育与培训 2020 总蓝图》被新加坡副总理兼财政部长尚达曼称为新加坡包容性社会的核心。《新加坡持续教育与培训 2020 总蓝图》的发布,将新加坡重视员工培养推向更深的阶段。新加坡政府公布的《持续教育与培训 2020 总蓝图》中指出,要着重培养每名雇员,协助他们掌握熟练技能。总蓝图由新加坡劳资政组成的"未来技能委员会"推动落实(2014年成立,由政府、产业界、教育和培训机构代表组成,副总理兼经济及社会政策统筹部长尚达曼担任主席,"未来技能"后改为"技能创前程"),由新加坡劳动力发展局主导。《新加坡持续教育与培训 2020 总蓝图》要求个人培养追求终身学习文化,教育和培训机构必须提供高素质的培训内容,雇主必须对雇员的培训计划负起责任,政府提供各方面所需要的资源和资金。

新加坡劳动力发展局与各领域的管理机构、企业及新加坡总工会紧密合作,制定中期人力策略,协助相关机构制定能吸引并留住人才的整体配套措施,各领域管理机构负责制定各自的经济领域的人力策略,新加坡劳动力发展局在政府层面也推出了一站式网络平台,为工作人员或学生提供适合自身的教育、培训和职业辅导资讯。

2.《新加坡持续教育与培训 2020 总蓝图》的三大策略方向

《新加坡持续教育与培训 2020 总蓝图》要打造一个处处机遇的社会,不仅需要雇主更加重视行业所需的技能,也需要培训机构提供更多高素质培训与教育机会,让个人掌握更多教育和职业规划资讯。

《新加坡持续教育与培训 2020 总蓝图》的三大策略方向:一是打造一个机遇处处的社会,员工应主导本身的学习和发展;二是雇主应主导员工的技能培训,并更重视员工的技能和贡献;三是教育和培训机构应提供优良素质的训练,确保学生和员工做好就业准备。

(三)新加坡持续教育与培训体系对我国继续教育的启示

近年来,我国日益重视终身教育、终身学习和学习型社会的构建,取得了初步成效,为进一步推进继续教育与培训体系,我们还需要从以下三个方面持续推进。

1.强化国家层面和社会发展对继续教育与培训的调控和指导作用

我们要从社会经济发展的角度认识继续教育与培训对国家产业升级提供的强有力的人力资源支撑,继续教育与培训是我国从人力资源大国向人力资源强国迈进的主要途径,要全面总结我们继续教育发展历程中优点和不足,立法保证继续教育与培训事业的良性发展。从立法的角度诠释人人接受继续教育与培训的基本权利和社会给予相应待遇的措施。

要建立学习型社会,提倡终身学习,主要是要建立学习型社会的体制机制,探索引导全民学习的学习方式、学习途径和学习内容;探索鼓励全民学习的激励措施和办法,转变观念,实时引导,把以学历教育为主的教育体系向以应用能力培养为主的教育体系过渡。从政府层面布局毕业后、就业后的持续学习途径,制定奖励、技能考核、资格认证等办法,引导求职者在就业岗位上的持续提升，提高参与终身学习者的待遇。我国是人口大国，受传统教育思想的影响，学历教育对人们如何参与受教育的方式有很大的影响，导致学历教育至上的思想，我们要以应用实践、创造价值为衡量一个人的社会价值的标准，要营造"人人受重视，人人可成才"的社会氛围。在顶层设计上协调统一各级政府部门，引导社区、企业对参与学习者的鼓励，将企业人才使用情况质量年报作为企业效益考核的一部分，形成反馈机制，尤其是可将企业人才使用情况质量年报反馈至与之专业门类相近的院校，为院校专业的设置与发展提供参考。

2. 鼓励以职业应用教育为特色的模块化培训促进和完善继续教育体系

继续教育不等同于成人教育，我国在《国家中长期教育改革和发展规划纲要（2010—2020年）》中明确了继续教育是面向学校教育之后的所有社会成员的教育活动，是终身教育体系的重要组成部分。从我国的继续教育体系来看，我们已经建立了以国家开放大学、高等院校网络学院等为载体的继续教育发展模式，但还是具有学历教育的特点，我们要开展面向职业应用教育为特色的模块化培训，开展结合岗位特点和职业资格要求的课程学习的教学，鼓励企业、社区、机构等开展相应的培训并给予政策鼓励；政府层面主要是加强企业、社区和机构的管理，加强对他们的考核细则设置，不断探索提高继续教育的管理水平和运行效益，强化以职业为特点的继续教育与培训，引导突出职业资格证书在工作岗位中的突出作用。

3. 探索实践继续教育与培训三方合作的培养机制

将传统的职业岗位培养向全民终身教育过渡，激发个人对学习的兴趣，企业对学习者提供资助，政府承担责任，建议建立个人继续教育与培训学习档案备忘录，探索由政府、企业、个人按照一定比例共同出资的资助办法，建立个人继续教育与培训学习管理平台，实现管理的信息化、规范化和透明化。对于个人主动学习者、企业主动承担资助培训费用者，给予减税或免税政策；探索针对继续教育与培训的以学习成果为导向的学分积累制度，建立继续教育认证、个人自修和社区经验服务相结合的模式，建立继续教育与培训学分体系，也可探索第三方评估的方法，规范和引导个人学习者促进自身能力的提升。

三、基于普通（技术）课程的新加坡中学教育模式探析

新加坡教育部设立普通（技术）学生就读的中学旨在为学生提供更多的学习专业技能的选择。该类学校主要以实践和实践课程为主，学校根据自身需求制定课程和教学计划。

（一）普通（技术）课程的教育背景

新加坡的教育以"stream"著称，就是所谓的分流。小学通过会考实施分流，学生上中学后会按照特别、快捷和普通三类进行分流。其中，读特别、快捷类院校的学生学制4年，4年之后直接参加O水准考试升入初级学院或理工学院；读普通（normal）的学生学制5年，针对攻读普通课程5年制的学生，具体又分为2类，一类是普通（技术）课程（简称N(T) Level）学生，先读4年然后考N水准[①]，成绩通过者可进入工艺教育学院（ITE）攻读技术类文凭，不需要参加O水准；第二类是普通学术类课程（简称N(A)）学生，读4年然后考N水准，通过后进入第5

---

① N水准的全称是 The Singapore—Cambridge General Certificate of Education Normal Level Examination，它是新加坡教育部和英国剑桥大学考试部共同主办的统一考试，针对攻读普通课程5年制的中学生。

年的学术课程,之后与快捷(express)的学生一起参加 O 水准考试,升入初级学院或理工学院。这里我们主要探讨新加坡普通(技术)课程学生的学校教育模式。

三、德国应用科技大学课程与教学体系探析与启示

德国应用科技大学作为高等院校成立于 20 世纪 70 年代初,主要培养应用型技术人才。报读应用科技大学的学生必须完成九年制的文理高中,或者接受过相应的职业教育,并获得应用科技大学的入学资格。

应用科技大学开设的主要专业有工程科学、经济学、管理与法律、社会学、健康与治疗、宗教教育学、数学、信息学、信息与通信、营养学与家政服务以及艺术设计等。培养目标主要是向学生传授就业必须的专业知识和科学方法,培养学生进行科学研究的能力,以及在自由、民主、社会法制国家中的行为责任心。

应用科技大学的教学内容具体体现在其培养目标和考试大纲中,每个专业的培养计划对本专业具体的课程设置、课程数量以及考试形式都作了具体规定。因此,各专业的培养计划不仅是专业院系实施教学活动的依据,也是学生学习的指南。

应用科技大学明显的特征是教学与生产实践紧密相结合,除了理论学习以外,学生还得完成不少于 20 周的企业实习;教育形式有讲座课、研习课、练习课、实习课以及学术旅游等。研习课上,学生可以对某一课题进行透彻的理论探讨,通过练习课和实习课,学生可以把学到的理论知识应用到实践中去。应用科技大学主要通过小班授课的方式保证教学质量。

(一)德国代根多夫应用技术大学的情况简介

代根多夫应用技术大学是德国的一所公立应用技术大学,位于德国经济、技术及科技十分发达的巴伐利亚州,坐落于德国东南部风景秀丽的多瑙河与空气清新的巴伐利亚大森林之间。该校成立于 1994 年,目前拥有在校生 3 700 余人,主要教学领域有技术、经济和传媒应用。代根多夫应用技术大学教学坚持以人为本,以培养学生解决实际问题能力和教学国际化为办学导向,学术氛围浓厚。

代根多夫应用技术大学共设有 5 个院系,分别是企业经济学/经济信息学系、土木工程系、电气工程及媒体技术系、工程和机电一体化系、继续教育学院。为了适应经济领域的新需求,代根多夫应用技术大学还开设了一些新课程,如商务计算机科学、国际管理、多媒体技术和计算机媒体学等。

(二)人才培养

德国应用科技大学的课程性质充分体现了课程的职业化特征,如课程设立职业方向主修课或专业;重视实际工作经验,并将其与系统学习统一起来;加强课程中的实践教学环节。

1. 德国应用科技大学课程与教学体系

德国代根多夫应用技术大学本科学制为 7 个学期,每个学期 30 个学分;第 1~3 学期主要在学校完成基本理论课程学习;第 4、5 学期与国外其他相同院校进行为期一年的交换生学习;第 6 个学期是实践学期,主要在公司进行实践项目研发;第 7 个学期主要完成论文写作。其中在第 6、7 学期的公司项目实践中,学习可将在公司中遇到的课题作为毕业论文的题目来进行

研究。通过两个学期的学习,学生可以选择在公司工作,也可以选择回学校读硕士(也与公司有密切联系,还要写关于公司课题的论文)。

以前德国的教育有传统的大学学士和专科学士之分,现在经过学制体制改革后,没有具体的学士的区别。其中,硕士有两种,分别是高等技术培训学院培养应用型硕士和大学培养研究型硕士。在欧盟鼓励学生在国外学习,政府对在国外学习的学生有专门的财政补贴,同时给学生很大的自由度,学习可以在德国国内相关企业进行,也可以在外国进行。

德国的专业学习与国内类似,学生在本科修读的专业,在硕士阶段可继续修读相关的专业,也可以转换专业方向。

2. 德国的双轨制职业教育

德国的"双轨制"职业教育是历史形成的,是和德国学徒制的历史、手工业与经济贸易的发展密切相关的。它可以追溯到中古时期,城市手工业和贸易部门组织成"行会",由"行会"规定学徒必须接受严格培训,未经培训,任何人不允许从事手工业或贸易。19世纪以来,由于技术和经济的发展,传授知识(专业理论和常识)变得愈来愈重要,开始由非全日制学校(夜校或星期日学校)逐步发展为职业学校,形成了受培者(学徒)通常每周3～4天在企业培训技能,1～2天在职业学校学习文化和专业基础理论的"双轨制"职业教育模式。

德国的双轨制职业教育形成了完整的体系,学校遍布全国,设置的专业达380多个。在完成九年制义务教育后,有75%的中学生进入了双轨制职业学校,升入大学的只占20%,这就满足了经济发展对大批技术工人的需求。

双轨制学习是学士学习加上IHK学习,共有9个学期。前两个学期是在公司做职业培训,第7个学期是实习,第9个学期进行论文撰写,其余的学期均要在学校学习理论知识。学期之间的假期也可以在公司进行学习。在这两种模式下,学生与企业有着较为密切的合作。企业界的合作和培训方式都是很先进的,对学生的发展来说很有好处。

(三)校企合作模式

1. 两种学习模式

在德国,学校和企业之间的联系非常紧密,相互协作,共同提高。主要有以下两种模式可以借鉴。

(1)学生可以一边在学校进行本科阶段的学习,一边在德国工商联合会(IHK)进行职业培训,完成双轨制的学习。如果是双轨制学习,需要四年半的时间来完成。这种模式有助于学生将专业理论知识和企业工作实践有效结合起来,形成互补关系,如电气工程专业的学生在学好专业课程的同时可以在IHK进行电器工程师的职业培训,机械工程专业的学生可以在IHK进行机械工程师的培训,均可考取IHK职业认证证书,取得上岗资格。

(2)学期三年半,假期时学生在企业进行实习。学生可以根据自己的专业方向,利用假期在企业进行实习,最后通过论文形成完成课程学习。这种模式比较灵活,适应性比较强。

在这两种模式下,学生每月都可以得到500～1 000欧元的报酬,对学生来说很早进入企业,能很快适应企业的工作。

2. 校企合作模式

在德国,学生可以利用假期在企业进行专业实践,公司可以对有某一方面专业技能的学生进行培训。这对企业界来说,可以很早对专业技术人员进行培养,企业能得到他们需要的专业技术人员。在德国也有员工跳槽的现象,但这种模式下的跳槽率比较低。这种模式可以缩短学生与企业之间的了解时间。在德国,企业在专业方向上可以有言语权,学生可以根据企业的要求有的放矢地进行学习。对于学生来说,可以把学校的知识应用在企业实践中,也可以把企业实习的经验应用在理论的学习中,尽快适应企业工作。通过这种模式培养出来的学生,可以百分百的概率在实习企业成功工作。另外,学生还可以在实践中获得社交的经验技巧,锻炼其与人沟通的能力。在德国,企业还可以与大学的教授进行密切的联系,教授可以利用学院的实验室进行必要的试验研究。

企业可以选择合适的员工去高校学习,入选者在大学可以申请一个合适的专业进行学习。企业也会招聘合适的学生参加公司的培训和学习,如果企业要招聘相关培训学院的学生可以在相关网站上点击申请,也可以在拜仁州的报纸上刊登一些广告,或者直接去学校招聘学生进行培训。企业也会尽量参加信息发布会,让学生了解培训的信息,给学生发放培训的材料,增进学生的了解。

3. 课程的评价指标

学生可以对教授和课程进行评价,目的是让课程每年却得到改进和改善。还有很多指标,主要是把这些指标做成一个大的矩阵,来综合评价课程的优差。

(四)中德课程与教学体系对比分析

以陕西工业职业技术学院的专业课程与教学体系为对象,与德国代根多夫应用技术大学的专业课程与教学体系进行对比分析,我们可以大体看到德国与中国高等职业技术教育的一些异同。

1. 培养目标不一样

都是三年制,但德国培养的是现场工程师,拿到的是类似本科的文凭,属于高等工程教育范畴,层次要高些;中国高职培养的是高素质、高技能人才,具有大专文凭。

2. 课程教学体系的主线不一样

都是能力本位制,但德国的课程体系是技术应用能力本位模式,有模块化、组合型、阶段化(进阶层次)的特点,学科体系明显,并从技术应用的角度逐层加深、复合,形成课程系列,按预先实习——基础理论学习——专业基础理论学习——工业实习——专业理论学习——毕业实习——毕业设计来安排,以实习为主线串接;中国高职的专业课程与教学体系是职业能力本位模式,以职业岗位群的典型工作任务分析入手,按基础——专业基础——专业进行课程设置,强调职业岗位工作能力的针对性和与职业资格证书的复合性,以整周实训为主。

3. 课程门数不一样

德国没有公共课体系环节,教学直接进入专业课程的教学体系,4 年 32 门专业课;中国高职还有占用 20% 学时的公共课,如政治、体育、外语、应用文写作、计算机等,3 年 32 门课,其中专业课只有 25 门。德国的专业课门数多,密度大。

4. 课程体系采取的学制不一样

都是学分制,但德国按学分制和学生学习过程来划分阶段。这种划分类似按产品的粗、精加工阶段来划分。在第 3 学期有一个阶段考试,学生只有通过考试,才能进入专业学习阶段,有进阶式和和设置阈值的特征。中国的高职教育虽然形式上是学分制,但没有真正实行,只强调外语、计算机和职业资格证书的重要性,必须考取相应的证书。

5. 实践教学的内涵不一样

德国实践教学强调实习与项目制作,中国高职教育强调校内的整周实训,一般有 30 周左右,为职业资格证书的获取做准备。

(五)德国的课程与教学体系给我们的几点启示

1. 增设高职四年本科制、研究生制,构建完善的中国高等职业技术教育体系

高职教育作为高等教育的一种类型,应该有低、中、高的层次之分,不应只局限在三年制这一种层次上,应根据社会经济的发展情况,在目前的两年制、三年制的基础上,增设四年制、研究生制,构建完善的中国高等职业技术教育体系,这样就可以直接借鉴德国的成功办学经验,尤其是课程与教学体系方面的经验。

2. 采取学分制,设置阶段教学,课程设置采用模块化、组合型、进阶式结构

高等职业教育一个专业类中常有多个专业方向,因此在课程体系结构上适合于专业分枝型结构。在各专门化的教学计划中,课程种类基本相同,这就为课程的模块化、组合型、进阶式发展提供了可能。从现代课程改革不断深化的进程来看,学生越来越成为教育的主体。采取学分制,设置阶段教学,实行课程模块化、组合型、进阶式设置,可以使学生既根据自己的兴趣、需要和基础对教学内容进行选择,也可以根据自己的具体条件安排学习时间、掌握学习进度。

课程设置模块化、组合型、进阶式就是将各种课程分别编制成在深广度上有差异的几种模块,如技术教学一、技术教学二等。各学校的相关专业可以按照需要选择各种适用课程模块,再加上少量自己开发的课程,组合成专门的教学计划。

3. 重视实践教学,切实加大实习力度,充实工程、技术项目训练

将技术转移作为现实学习的前提条件,在常规的实习、实验、课程设计、毕业设计实践环节的基础上,加大实习力度,同时适当增加工程、技术项目训练内容。这些项目应来自企业生产实际,有综合性特点,如学生创新制作项目、校内生产性实训项目和毕业综合训练项目等。

第八部分　陕西工业职业技术学院工匠精神培育案例选编

一、实施教师工匠三大工程

一、政治素养提升工程——理想信念,核心价值观,立德树人

案例:陕西工业职业技术学院教师获全国"工匠精神与职业院校德育工作"征文二等奖

2017年11月24日,教育部关心下一代工作委员会公布了"工匠精神与职业院校德育工作"征文研讨活动评审结果,由陕西省关心下一代工作委员会(以下简称关工委)推荐、陕西省工业职业技术学院思政部教师赵娇撰写的《全国职业技能大赛对高职学院"工匠精神"思想教育内涵建构的推动作用——由"倒逼"走向主动》荣获二等奖(见图8-1),这也是陕西省高职院校唯一入选并获奖的论文。

本次活动是教育部关工委为深入学习贯彻习近平、李克强等中央领导同志关于弘扬工匠精神的指示,推动"工匠进校园"活动深入开展,助力职业院校德育工作所举办的征文研讨活动,活动得到各级教育关工委,特别是职业院校关工委的积极响应和大力支持。陕西工业职业技术学院(以下简称陕西工院)于3月28日举办"大国工匠进校园"活动,并成立了由思政部牵头的"征文组",组织开展了全院范围的征文评赛活动,遴选优秀征文参与全省、全国评选。本次全国评选共收到20个省(区、市)报送的征文406篇,共评选出一等奖16篇、二等奖58篇、三等奖76篇。

图8-1　陕西工院教师获全国"工匠精神与职业院校德育工作"征文二等奖荣誉证书

2017年9月6日,由陕西省总工会、陕西省文化厅主办的陕西省职工文化艺术节"激发文化自信,助力追赶超越"读书演讲比赛在西安举行,陕西工院赵娇同志代表陕西省教科文卫体工会参赛,并作为教育系统的唯一代表荣获大赛一等奖。

本次比赛是2017年陕西省职工艺术节的系列活动之一,共有全省各产业、各地市总工会的63名选手参加,教育系统共选送5人,科文卫体系统选送3人。他们或从身边自强不息、扶危济困的先进人物说起,或从自己经历的抗震救灾、刻苦钻研的航空大国梦切入,或从切身实践的大国工匠、陕西地域特色文化为先导,深入浅出、娓娓道来,声情并茂地讲述了基层职工在助力追赶超越过程中的感人故事。赵娇同志以《化茧成蝶,穿越指尖的工匠精神》为题,回顾了作为文秘速录指导教师,在大国工匠精神的感召下,她与学生们并肩战斗实现陕西省参加全国速录大赛"零的突破",着力培养新时期速录能工巧匠的的真实故事,最终荣获一等奖(见图8-2)。《陕西工人报》还对此进行了专题报道。

图8-2 陕西工院赵娇同志荣获读书演讲比赛一等奖

陕西省职工文化艺术节每三年举办一次,分为音乐、舞蹈、戏剧、曲艺小品、文学创作、书法美术摄影、读书演讲、微影视大赛、"三工"文化建设成果研讨等活动,充分展现了陕西省职工的科学文化素质,展示了广大职工时代风采。赛前,工会牵头组织协调学院多个部门的力量,组成了演讲团队,并制订了详尽的参赛计划,邀请校内专家进行了集中培训,为取得优异成绩奠定了基础。

(二)团队建设带动工程——一流师资,一流团队

案例:数控学院开展换岗 新进教师业务能力考核

2017年5月17和24日,陕西工院数控工程学院组织开展对换岗和新进的10名实践、理论课教师进行业务能力考核,并邀请人事处处长卢庆林、教学质量管理中心主任南欢、教务处副处长刘军旭、张磊及该学院教学督导组成员担任评委。

参与考核的10名教师分别在授课计划中随机抽取知识点,按照要求进行理论教学或实践教学(见图8-3)。评委组全程参与考核,并对教师的业务能力、教学方式、授课环节等进行了点评。人事处处长卢庆林指出,人才是学院的核心竞争力,教师的实践动手能力是核心中的核心。参评教师准备充分,内容熟练,实践效果很好。教学质量管理中心主任南欢认为,这项活动对教师个人能力提升和专业建设发展非常有益。教务处副处长刘军旭希望数控学院将活动深入开展,为更多的教师创造发展、提高的机会。评委组还对数控学院加强教师的校内实践、企业实践的锻炼能力提出了建议和意见。

图 8-3 数控学院教师业务能力考核

为了加强师资队伍建设,提高理论教师的实践动手能力和实践教师的理论水平,结合数控技术专业实际,陕西工院数控学院于 2017 年上半年启动了理论教学和实践教学教师换岗轮训工作,安排理论教学教师到机加工技术训练中心进行实践教学,实践教学教师到数控技术教研室进行理论教学,取得了初步成效。

(三)品牌效应影响工程——宣传工匠、树立品牌

陕西工院 2018 年新进教师管理能力培训圆满结束。2018 年 11 月 7 日—8 日,由学院人事处组织的新进教师教学能力培训课程第二阶段"教师管理能力培训"进行了结业汇报,参训的 42 名新进教师均通过了汇报答辩,顺利完成了此次培训任务。陕西工院院长张晓云、副院长杨卫军、人事处及各相关二级学院的负责同志全程参加了此次汇报活动,如图 8-4、图 8-5

所示。

图8-4 新进教师教学能力培训课程结业汇报(一)　图8-5 新进教师教学能力培训课程结业汇报(二)

为帮助新进教师树立正确的教育教学理念,尽快适应工作岗位,更好地促进学院教育教学质量和人才培养质量的全面提升,2018年9月11日—11月9日,陕西工院人事处(教师发展中心)组织2018年新进教师进行了为期9周的管理能力("5S"管理)培训,本次培训工作由电气工程学院实施开展,利用"欧姆龙"课程与师资资源,对新进教师进行"5S"管理的相关培训工作,通过理论授课促使新进教师提升质量管理能力,通过对实验实训室"5S"现场管理实践达到学和练的高度统一。最终42名新进教师均通过了课程答辩,顺利完成了此次培训任务。

新进教师能力培训分为教学能力培养、创新能力培养和管理能力培养三部分,管理能力("5S"管理)培训为第二阶段,培训采取集中培训与分散实践相结合、理论研究与示范教学相结合等方式进行。学院期望通过三个阶段的培训,促使新进教师具备一定的教学能力,具有较强的创新意识,养成高效的管理习惯,帮助新进教师更好、更快、全面履行岗位职责,对新教师的成长起了重要的助推作用。

二、实施学生工匠五大工程

(一)文化渗透提升工程——全员育人,校园文明行为规范、公寓管理规范和教室管理规范等

案例:物流学院召开电商专业New Balance网络客服实训总结会

2018年11月30日下午,陕西工院物流管理学院电子商务专业2016级New Balance网络客服实训总结会在学术会堂举行。伊藤忠物流(中国)有限公司上海分公司副总经理龚捷、西安思玛特企业管理咨询有限公司总经理房巍,陕西工院物流学院院长李选芒及电子商务专业2016级全体师生参加会议。

与会师生首先观看了反映电商专业2016级学生实训场景的视频片。在企业、教师、学生代表作实训总结和交流后,龚捷副总经理和房巍总经理为物流学院颁发了"优秀校企合作奖",与会领导还为获得优秀团队奖,个人特等奖和一、二、三等奖的集体和个人颁发了荣誉证书。

(二)职业能力培养工程——现代学徒制、5S管理等

案例:咸阳市人社局创业指导师耿一做客创业沙龙讲座

2018年6月17日下午,应陕西工院就业指导处邀请,咸阳市人力资源和社会保障局创业指导师耿一做客陕西工院创业沙龙讲座,围绕国家相关创业政策和优秀创业案例的主题,为全

院300余名师生作专题讲座(见图8-6)。

图8-6 咸阳市人社局创业指导师耿一做客创业沙龙讲座

讲座中,耿一老师结合自身研究和指导学生创业的丰富阅历,运用翔实的案例、数据和统计分析图表,从大学生创业现状、陕西省大学生创业引领计划实施方案、大学生创业基金贷款流程、优秀创业案例分享等四个方面对大学生创新创业研究的趋势进行了梳理与解读,对大学创业教育实践进行了深层次的阐述和分析。讲座结束后,他还与陕西工院参加"互联网+"创新创业大赛的部分学生进行了交流。本次讲座创业政策信息量大、创业案例生动具体、分析深入透彻,具有很强的针对性和指导性,受到了广大师生的一致好评。

案例:电气学院进行新进教师5S课程理论阶段考核

2018年12月29日,电气工程学院组织开展新进教师5S课程理论阶段考核,欧姆龙(中国)有限公司人财革新部执行部长曾庆球、高级主管邓家飞、欧姆龙驻校班主任顾建林和电气学院院长段峻、副院长夏东盛、技术训练中心主任白洁全程听取了4名新进教师的5S课程师资培训阶段成果展示(见图8-7)。

图8-7 新进教师5S课程师资培训阶段成果展示

作为欧姆龙班三大核心课程之一,5S在塑造企业的形象、降低成本、准时交货、安全生产、高度的标准化、创造令人心旷神怡的工作场所、现场改善等方面发挥了巨大作用。其概念也逐渐被各国的管理界所认识。随着世界经济的发展,5S已经成为工厂管理的基本理念。

电气学院将欧姆龙班的课程结构、教学模式、教学内容导入现有的课程体系,秉承了校企双方"校企一体,互惠共赢,精诚合作"的理念和"联合策划合作方案、联合制订培养计划、联合打造教学团队、联合推行现场教学、联合实施双向管理、联合建设实训基地、联合构建评价体系"的"校企七联合"的人才培养模式,是双方不断拓展内涵、精耕细作、良性循环的发展新阶段。今后,电气学院还将陆续进行其他企业优秀课程资源的开发,实施学校与企业管理人员双向挂职锻炼,建立起校企协同育人长效机制,推进校企一体化进程,提升专业服务产业能力。

案例:数控学院联合亿滋(中国)举办现代学徒制拜师仪式

2017年3月21日,数控工程学院与亿滋(中国)现代学徒制拜师仪式在北京举行。在数控学院党总支书记郝军、院长刘清和亿滋(中国)饼干品类制造部总监周东、亿滋北京饼干工厂营运经理刘杰、亿滋 iTech 项目负责人佟晓琳等见证下,亿滋北京工厂的10位技师代表与数控学院2015级现代学徒制试点班的10名学生代表进行了师徒结对,企业为师傅颁发了聘书,徒弟们郑重地向师傅敬茶,行鞠躬拜师礼(见图8-8)。随后,他们将在企业里跟岗实习,面对面向师傅学习技能。

图8-8 数控学院联合亿滋(中国)举办现代学徒制拜师仪式

自2013年陕西工院与亿滋(中国)建立了合作关系以来,通过双方的互相协作和共同培养,已经成功向亿滋(中国)北京、苏州、广州各工厂输送了300余名毕业生,并涌现出张天伦、杜鹏、王琪等扎根生产一线的优秀技能人才,部分毕业生还被企业送往国外去学习深造。本次现代学徒制的落实,意味着校企双方建立起了新型的师徒关系,使技能型人才培养有了更精准的方向,徒弟不仅可以向师傅学技能、学先进技术,更重要的是可以学习职业素养,学习工匠精神,与师傅紧密联系,实现了学习内容与工作岗位的对接、技能水平与企业需求的同步。

案例:读万卷书,行万里路,亿滋现代学徒制班赴企业实习归来座谈会

2017年5月17日,数控工程学院举办2015级亿滋现代学徒制班赴企业实习归来座谈会,亿滋订单培养项目专项办事员、亿滋班班主任张旭与2015级亿滋现代学徒制班全体同学参加座谈(见图8-9)。

会上,与会同学们依次畅谈了自己在企业的工作、学习经历及所思所得,大家都非常感谢学校和企业提供的这次珍贵的实习机会,纷纷表示实习经历让他们更加体会到专业学习的重要性,也明白了自己在专业中需要提高的环节,在以后的学习中更有针对性。张旭还结合企业的反馈信息,以"读万卷书,行万里路"对实习同学的优秀表现予以肯定。他提醒同学们时刻牢记将实习的学习体验带回到未来的学习当中,注重提高自身的学习能力及素质修养,居安思危,稳中求进,不断进步和提升自我。

图8-9 2015级亿滋现代学徒制班赴企业实习归来座谈会

赴企实习是亿滋现代学徒制班学生实践教学活动的重要环节,是校企订单培养实践教学新途径的有益尝试,也是陕西工院优化学生学习成长外部环境,培养学生企业化、社会化、国际化视野的重要举措。

案例:第五届"亿滋班"正式开班

2017年5月26日下午,陕西工院第五届"亿滋班"开班仪式在崇文南楼第五会议室举行。亿滋中国苏州湖东工厂人事主管郑俣,亿滋中国北京工厂人事主管崔颖,陕西工院校企合作处、数控学院、机械学院、电气学院等部门负责同志及第五届"亿滋班"全体学员参加仪式,数控学院副院长段文洁主持(见图8-10)。

图8-10 陕西工院第五届亿滋班开班仪式

段文洁介绍了订单班的基本情况之后,亿滋公司郑俣主管向入选"亿滋班"的同学表示欢迎,她给大家介绍了亿滋公司的发展状况,勉励同学们再接再厉、学有所成,和企业共同进步。数控学院党总支书记郝军对亿滋公司表示欢迎,向入选第五届"亿滋班"的全体同学表示祝贺,希望全体学员规划好自己的职业生涯,珍惜机遇,刻苦学习,勇担责任,不断创新,为企业做奉献,为母校争光。

仪式上,亿滋班班主任张旭和学生代表刘强分别发言,王萌迪同学带领亿滋订单班学生集体宣誓。

本届亿滋订单班共57名同学,分别来自数控、机械、电气学院的机电类相关专业。亿滋公司是世界500强、全球第二大食品公司。从2013年6月第一届亿滋订单班组建合作至今,陕西工院已先后向该公司输送300多名iTech项目培训生,同学们以"基础扎实、适应性强、综合素质高、工作上手快、对企业价值观认同度高"等特点受到企业充分肯定和认可,部分同学已在公司重要岗位任职。

(三) 学习能力提升工程——岗位认知、顶岗实习、专业教育和订单班

案例:机械学院举办"专业认知教育走进班级"活动

根据学生在不同学习时段对专业认知的不同需求,按照"大一侧重专业认知教育,大二注重专业深化教育,大三强化专业与就业对接教育"的专业教育思路,2018年9月28日,机械工程学院在2016级17个班级中率先开展了"专业认知教育走进班级"活动,邀请省级教学名师、专业带头人、学生技能竞赛优秀指导教师和学生工作负责人等为学生进行专业教育,助推教风、学风建设。在机制与机设等四个试点班的认知教育中,赵月娥、宁煜、朱凤芹、张景学、杨长青等教师结合大一学生的实际状况,先后就专业设置背景、专业培养目标、人才培养模式、技能获得途径、学历提升途径、就业前景展望等方面展开了细致讲述,并对同学们在专业学习中遇到的困惑进行了解答。在机修和精密专业的认知教育中,冯丽萍、白雪宁等教师分别从专业发展历程、培养目标、学习策略、就业方向等方面进行介绍,并与同学们展开了热烈的互动。本次"专业认知教育走进班级"活动旨在进一步调动同学们的专业学习兴趣和积极性,强化该院师生的教风与学风建设,也为提高教育教学质量,促进学生全面、有专业个性发展奠定了良好基础。

汽车学院联合通源宝马举办了BMW品牌体验课堂活动。2018年4月14日下午,汽车工程学院联合通源集团宝马4S店在汽车工程与服务技术训练中心举办了"BMW品牌体验课堂"活动(见图8-11)。

图8-11 BMW品牌体验课堂活动现场

续图 8-11 BMW 品牌体验课堂活动现场

活动分为宝马品牌宣讲和宝马车型展示两个环节,在宝马品牌宣讲环节,通源集团宝马4S店展厅经理马长超以丰富多样的形式进行了品牌介绍和宝马车型知识宣讲,并与学生开展专业知识互动,学生热情高涨,场面热烈。在宝马车型展示部分,由专业销售顾问现场讲解车辆,在讲解过程中,针对学生提出的问题,销售顾问进行了细心讲解,与师生近距离接触,感受宝马之悦。

陕西工院师生对德国百年品牌 BMW 有了更加深入的了解,也加强了陕西工院与高端汽车品牌在人才培养模式改革与建立校企合作长效机制的探索与实践,进一步推动了汽车工程学院人才培养质量的提高。

案例:"陕工—汉达"模具设计订单班首阶段联合教学顺利结束

2016 年 5 月 27 日,陕西工院与汉达精密电子(昆山)有限公司组建的第一届校企合作模具设计订单班完成了第一阶段的校企联合教学。在第一阶段的课程中,企业培训师周佳萍向学员介绍了汉达的发展历程,汉达"客户满意、团队合作、贯彻执行、创造价值"的企业文化价值观,完善的企业福利制度,全方位的职业发展空间。订单班学员也在职业意识养成方面和培训师进行了密切的分享与交流。24 日—26 日,汉达模具中心资深工程师张稳针对三视图、CAD制图软件,注塑模具结构组成、工作原理,两板模、三板模和热流道模的二维装配图绘制要领等内容进行了详细的说明及介绍。授课期间,订单班学员及模具专业教师都积极参与课程,课堂气氛融洽。通过此次的课程培训,订单班学员更近一步了解了公司注塑模的设计理念,也加深了对注塑模具结构的了解。25 日,周佳萍、张稳与陕西工院模具专业教师董海东、徐孝昌、孙慧、贾娟娟等就订单班的课程设置、暑期企业实习、实操培训以及毕业设计等方面内容进行了深入交流。通过座谈解决了订单培养中的实际问题,提出了提高培训质量的有效措施。据了解,按照模具设计订单班的培养计划,后期还会继续坚持校企联合的教学模式,针对学生的模具设计能力进行更深入更全面的定向培养。

"陕工—汉达"模具设计订单班暑期实习顺利结束。8 月 5 日,陕西工院与汉达精密电子(昆山)有限公司联合开设的第一届校企合作模具设计订单班完成了暑期实习工作,材料学院院长罗怀晓受邀参加了暑期实习结业仪式,并与汉达公司人力资源总监郑仁智、神讯公司资深总监林志中、汉鼎公司经理吴家豪等人进行了座谈。

座谈会中神讯、汉达和汉鼎公司分别介绍了本公司的发展历程、主要产品、客户群体、厂区建设、薪资待遇及后续的人力需求情况。罗怀晓院长简单介绍了陕西工院的基本情况、院系及专业设置等情况,并介绍了欧姆龙订单班和亿滋订单班的运作情况和经验,希望陕西工院与汉达公司能够在人才培养方面继续深入合作。

结业仪式上,陕西工院模具专业的16名学生分别就为期四周的暑期实习进行了总结和汇报。罗怀晓对各位同学进行了鼓励,希望各位同学要有责任感,做好自己的本职工作,能够沉下气,在工作中不断提高自己的职业素养,要学会规划未来,不要为眼前的小利而忽视自己的长远发展,希望各位同学返校后能够抓紧剩余的在校时间好好补课。结业仪式上,汉达公司为6名表现优异的学生颁发了优秀员工证书。

材料学院15名学生入选第二届"陕工—汉达"模具设计订单班。2017年4月12日,陕西工院与汉达精密电子(昆山)有限公司联合开设的第二届模具设计订单班完成了2017年组班工作,2015级模具专业姚立郎、黄明威等15名学生成功入选。材料学院党总支书记、院长罗怀晓,党总支副书记郭旭华,模具教研室部分教师与汉达公司模具分公司经理郭康康、人力资源招聘主管巩蒙蒙等进行了座谈。

座谈会中,汉达公司介绍了本公司2017年的发展规划、招聘人员薪资待遇及后续的人力需求情况。材料学院院长罗怀晓介绍了陕西工院2014级模具专业毕业生的就业情况、2017年招生及专业建设等情况,并希望陕西工院能与汉达公司共同借鉴成功订单班的运作情况和经验,在人才培养方面继续深入合作。

"汉达模具设计订单班"的15名学员主要面向模具设计师岗位,公司将对他们进行三视图、软件应用、3D分模和2D标注等项目培训(见图8-12),暑期提供顶岗实习机会,并按国家规定支付初级工岗位工资。同时,汉达(精密)电子公司还将为优秀学员发放奖学金并给予鼓励。

图8-12 "汉达模具设计订单班"项目培训现场

案例:化工与纺织服装学院举行互联网+校友讲堂活动

在互联网环境下,利用多媒体教室的硬件支持,2017年6月23日,化工与纺织服装学院举办了一场别具特色的"互联网+校友讲堂"活动。通过互联网交流平台,活动现场连线就职于上海典约实业(服饰)有限公司的陕西工院服装设计2013级优秀毕业生孟玉婷,为在校的学生带来了工作现场实境化的专业技术交流讲座(见图8-13)。上海典约实业(服饰)有限公司位于上海市闸北区,是一所集设计、销售、外贸为一体的大型实业集团。陕西工院毕业生孟玉婷自任职以来,为公司累计创造了两千多万元的业绩,是该企业的优秀设计师。

本次"互联网+校友讲堂"活动内容围绕职场定位和设计企业运营模式展开,活动现场展示了大量的企业工作现场一线资料,涵盖企业设计案例、生产流程、管理体系等方面。这种基于互联网和企业实境工作现场新的形式激发了同学的交流兴趣,活动现场同学们与远在上海的孟玉婷通过视频实时连线,积极互动,交流深入广泛。交流结束后,现场学生纷纷表示被这种新颖的形式吸引,并表示交流内容实用,对认识行业、了解企业实际工作起了非常大的帮助。

图 8-13 工作现场实境化的专业技术交流讲座

作为传统教育的补充,在线交流是一种新型的优秀校友讲堂形式,可以实现讲解人在工作现场操作展示,更切合实景交流,便于激发在校生和毕业生之间的共鸣,可以更加深入地进行技术交流与学习。在线交流与课堂教学是相辅相成、彼此促进的,通过这种灵活的交流方式,学生获取了丰富的学习资源,拓展了学习的视野。

从市场因素、经济发展、科技创新、劳动力转换等多方面阐述了校企合作的重要性,希望通过调研及市场开拓,进一步了解企业用人需求,加深校企合作,推进校企协作育人。

案例:电气学院顺利完成暑期企业调研回访工作

2017 年 8 月 2 日—8 月 26 日,电气工程学院院长段峻带队,分三组赴宁夏、北京、上海、温州及西安(咸阳)等地区深入企业进行了毕业生回访、调研和新企业开拓,共回访企业 8 家,新拓展联系到 13 家公司,初步达成校企合作企业 3 家,回访毕业生共 103 名。同时,也为企业介绍了陕西工院办学特色、办学实力、专业设置以及 2017 届毕业生信息等基本情况。

领导和老师们通过企业实地参观、会议交流、学生座谈会等形式在温州长江汽车电子有限公司、人本集团有限公司、欧姆龙(上海)有限公司、宁夏小巨人机床有限公司、宁夏巨能机器人有限公司、宁夏共享机场辅机有限公司、大唐电信等公司进行了深入交流,企业普遍对陕西工院毕业生较为满意,也提出了一些中肯的建议。此外,陕西工院电气学院还与中国德力西控股集团、广州创龙电子科技有限公司、(温州)夏梦服饰有限公司、康力电梯股份有限公司、宁夏金安达精密技术有限公司、陕西瑞诚电气科技有限公司、云联电力科技股份有限公司、浙江正康实业股份有限公司、威思曼高压电源、咸阳金钻数码有限公司、上海恰尔斯电力(集团)有限公司、陕西迪泰克新材料有限公司等 13 家企业取得了联系,达成了合作意向,其中 3 家公司愿意与陕西工院电气工程学院订单培养、捐赠实训室,实施校企联合培养,如图 8-14 所示。

通过本次活动,陕西工院学生深切地感受到了母校的关怀,学院也对电气、电子、电力、机械等行业企业有了更深入的了解,为后续的专业开发、专业改革、课程改革、校企合作等工作收集了一线的数据资料。

图8-14

案例：借力企业实训 提升技能水平 数控学院举办实训总结研讨会

2017年6月16日上午，数控工程学院举办数维专业2015级学生企业实训总结研讨会，西安坤晖机电公司总经理肖乃宽、培训总监肖磊和陕西工院质管中心主任南欢，教务处副处长刘军旭，数控学院党总支书记郝军、副院长段文洁等参加会议。

在听取了数维专业带头人祝战科和实训学生代表的汇报后，坤晖机电公司总经理肖乃宽高度评价了陕西工院学生的优秀的综合素质和技能水平，并宣布聘任6名同学为公司正式员工。学院质管中心主任南欢和教务处副处长刘军旭希望数控学院以本次校企深度合作为契机，推进双方在现代学徒制培养模式上的合作，做好大国工匠的培养，使学校、学生、工厂和社会实现多方共赢。

实训主要依托坤晖机电公司承接的数控设备升级改造项目、立式加工中心大修项目和进口机床保养维修项目，采用现代学徒制方式，让学生在师傅的指导下完成或亲历整个实施过程。通过企业实训,学生的专业技能得到了大幅度提升,有三名参加实训同学在2017年全国职业院校技能大赛"数控机床装调与设备改造"赛项中表演优异,荣获团体三等奖,实现陕西工院在该赛项奖项上的突破。

化纺服学院召开混合所有制暨校企合作座谈会。2017年9月22日下午,化工与纺织服装学院举办混合所有制暨校企合作座谈会,国家分离膜工程中心副主任、中国膜工业协会海淡分会副秘书长、北京蓝星清洗工程有限公司工程处处长张学发,陕西庄臣环保科技有限公司总经理刘辉、总工程师李频,青岛星空净化科技有限公司总经理宋景超,唐山格瑞德设备清洗有限公司总经理张立新出席会议,该学院党总支书记贾格维、院长赵明威和化工教研室相关教师参加会议,如图8-15所示。

图8-15 化纺服装学院召开混合所有制暨校企合作座谈会

贾格维同志在致辞中对前来参加座谈会的企业代表表示欢迎,并介绍了学院的基本情况。赵明威同志介绍了学院在校企合作、人才培养、平台建设等方面的发展情况,他强调校企合作要以项目为载体,双方互通有无,共同培养学生。随后,张学发以"工业设备清洗技术"为题,从清洗行业发展概况、存在问题、发展趋势以及校企合作建议等四个方面做了一场精彩的学术报告。最后,企业代表与老师围绕人才培养机制、企业员工培训、科研成果转化等方面进行了深入交流。

通过座谈,校企双方在联合培养人才、企业员工培训、校企合作平台建设等诸多方面达成共识,双方均对未来的合作充满期待与展望。此次座谈会,也对推进陕西工院混合所有制建设具有重要意义。

案例:化纺服装学院召开混合所有制校企合作推进会

2017年10月10日下午,化工与纺织服装学院召开混合所有制校企合作推进会,陕西庄臣环保科技有限公司总经理刘辉与该学院领导、相关教师针对校企深度融合进行了交流和探讨。

会上,化纺服装学院院长赵明威对校企合作前期共识进行了总结。刘辉总经理从工业清洗行业的发展、清洗剂的推陈出新、工业清洗技术发展变革等方面介绍了工业清洗的发展概况,然后介绍了公司目前正在洽谈的两个项目,希望通过此次合作,共同开发新产品、探讨新工艺,加强合作交流,促进成果转化,积极培养学徒,推进混合所有制及校企合作的深入发展。与会教师还和刘辉总经理围绕项目合作、技术研发、人才培养等方面进行了深入交流。

案例:热风投资有限公司来陕西工院进行现代学徒制订单班宣讲

2017年11月9日下午,热风投资有限公司来陕西工院就开设2017级现代学徒制订单班进行宣讲。宣讲会由化工与纺织服装学院院长赵明威主持,热风投资有限公司陕西地区薪酬主管余冬梅、招聘主管薛雯静及2017级纺织品检验与贸易、市场营销、服装与服饰设计、服装设计与工艺4个专业的全体师生参加了宣讲会,如图8-16所示。

图8-16 热风投资有限公司来陕西工院进行现代学徒制订单班宣讲

会上,赵明威院长介绍了现代学徒制的由来,现代学徒制对职业教育的促进作用,陕西工院的就业情况以及现代学徒制"技能双指导、学生双身份、教学双教室、培养双主体"的特点,并鼓励同学们好好学习,积极参与学校与企业组织的各项活动。薛雯静主管在与学生愉快地互动中介绍了热风产品、热风企业、执风销售网络以及热风"简单平等""持续学习"的企业文化和"活力、年轻、热情"企业风格。

会后,公司主管们针对学生提出的职业发展、学习要求、学习经验等问题进行了耐心细致的解答,有20多名同学当场报名,整场宣讲会氛围融洽热烈。

案例:混合所有制工业清洗兴趣班暑期实习圆满结束

2018年8月25日,陕西工院参加教育部混合所有制(行校企)工业清洗兴趣班的7名同学圆满完成为期1个月暑期实习任务,顺利结业。

自2019年3月,陕西工院与中国锅炉与锅炉水处理协会、清洗101平台启动混合所有制合作,经过三方共同努力,已先后完成全国性工业清洗实训、工业清洗设备捐赠共建、学生带薪实习等工作(见图8-17)。本次工业清洗实习主要在庄臣环保科技有限公司、格瑞德清洗设备有限公司、星空净化科技有限公司等企业进行。在专业过硬、经验丰富的实习导师的指导下,同学们先后完成了工业清洗设备认知、工业清洗工艺实训等实习任务,为后期的合作和工作开展打下了良好基础。

图 8-17　陕西工院学生参加工业清洗兴趣班暑期实习工作现场

案例：陕西工院首届"VIVO"订单班开课

2018年10月9日，陕西工院举办的首届"VIVO"订单班开课，培训在学院崇文南楼B区110教室进行，培训共计5天，参加培训学员共计30名。培训班由VIVO移动通信（重庆）有限公司精心准备培训资料，首次选派4名资深培训师在校内进行系统培训，提前将企业课程融入校内教学过程，力促订单班培养效果（见图8-18）。

图 8-18　"VIVO"订单班开课

培训开设的课程有《企业文化》《公司制度》《6S管理》《团队协作》《情绪管理》《沟通技巧》《督导人员培训－TWI》《时间管理》《PDCA工作方法》等。采用案例教学、情景讨论、自由演讲、辩论赛、交流会等培训方式,分阶段递进式强化学生的职业技能与职业素质。

经过前期的企业宣讲、个人报名、资格审查、笔试、面试等环节,最终有材料、模具、机械、电气、数控、管理等专业的30名学员进入本届"VIVO"订单班,学员主要面向生产管理岗位,公司将对他们进行分阶段系统培训,提供顶岗实训机会。同时,VIVO移动通信(重庆)有限公司还将为优秀学员发放奖金奖给予鼓励。

案例:2019届欧姆龙班开班仪式顺利举行

2018年10月31日下午,2019届欧姆龙订单班开班仪式在陕西工院顺利举行。欧姆龙(中国)有限公司人财革新部部长丁言、人财革新部高级主管贺平、人财革新部郑茵洁,学院就业指导处、校企合作处处长卢文澈,电气工程学院总支书记杜云、电气工程学院副院长刘引涛、欧姆龙公司驻校班主任顾建林及欧姆龙项目办公室负责教师出席了开班典礼,2019届46名"欧姆龙班"学生参加了开班仪式(见图8-19)。仪式由电气工程学院总支书记杜云同志主持。

图8-19 2019届欧姆龙订单班开班典礼

电气工程学院副院长刘引涛首先对欧姆龙(中国)有限公司各位来宾出席开班仪式表示热烈欢迎,然后对"欧姆龙班"的师生提出了几点要求和希望。他表示,作为全球知名的自动化控制及电子设备制造企业,欧姆龙公司掌握着世界领先的传感与控制的核心技术,"欧姆龙班"是学校与企业为同学们共同打造的学习平台和事业平台,希望入选"欧姆龙班"的各位同学以欧姆龙准员工和在校大学生的双重身份,严格要求自己,争取成为欧姆龙公司的正式员工和未来的优秀员工。同时,也希望"欧姆龙班"各位任课教师和管理人员认真负责地做好教学和管理工作。

欧姆龙(中国)有限公司人财革新部部长丁言先生代表公司讲话,他首先向入选2019届"欧姆龙班"的同学表示了祝贺,接着从企业需要什么样的人,欧姆龙需要什么样的人,与大家做了分享交流,并建议同学们提高自身素质,努力成为社会所需要的人才。

学院就业指导处、校企合作处处长卢文澈与欧姆龙(中国)有限公司人财革新部部长丁言向2019届订单班授旗。

2018届学生代表邓玉娟和2019届学生代表冯燕分别发言,表示一定会紧抓机遇,努力学习、虚心请教,掌握世界一流企业的管理理念,不辜负学院老师们的期望,为欧姆龙公司的明天做出新的贡献。

案例:土木工程学院举行"境商地产订单班"开班仪式

2018年3月22日下午,土木工程学院"境商地产订单班"开班仪式在精艺楼BIM实训室举行(见图8-20)。陕西境商集团管理公司总经理徐天、人力资源中心总监吴林、人事主管张利娜,陕西工院就业处、土木工程学院相关负责人以及全体订单班学员参加了此次开班仪式,仪式由土木工程学院党总支书记何克祥主持。

图8-20 土木工程学院举行"境商地产订单班"开班仪式

开班仪式上,土木工程学院院长杨谦对境商地产一直以来对学院人才培养工作的大力支持表示衷心感谢,同时对订单班的学员提出了殷切的期望,鼓励同学们要树立崇高的职业理想,掌握扎实的理论知识,苦练过硬的职业技能,提升综合职业素养。

首先境商地产总经理徐天对陕西工院能提供这样一个平台表示感谢,她希望订单班的学子能以此为开端,认真学习,实现共赢。随后,境商地产人力资源总监吴林介绍了境商地产订单班的情况,陕西工院优秀毕业生、境商地产订单班优秀员工王莎莎作为代表发言。最后,境商地产总经理徐天和人力资源总监吴林为订单班的学员颁发了企业工牌。

"境商地产订单班"共有来自工程造价、工程管理、工程技术三个专业的50名学生。订单班的开设,有效地实现了教育与产业、高校与企业的对接,实现学校与企业"优势互补、资源共享、互惠互利、共同发展"的双赢局面,进一步推进陕西工的专业建设和人才培养工作向前迈进。

案例:材料学院与汉达、汉鼎组建第三届模具设计和压铸机操作订单班

2018年4月10日,陕西工与汉达精密电子(昆山)有限公司、昆山汉鼎精密金属有限公司联合开设的第三届校企合作订单班完成了2018年组班工作。经过校企双方的共同选拔,最终有16名同学入选2018年"陕工-汉达模具设计"订单班,12名同学入选2018年"陕工-汉鼎模具设计"订单班,12名同学入选2018年"陕工-汉鼎压铸机操作"订单班。

在10日举行的校企座谈会上,两家企业分别介绍了2018年发展规划、招聘人员薪资待遇及后续的人力需求情况。材料学院院长罗怀晓介绍了模具专业的招生、就业及专业建设情况,并希望陕西工能与两家企业在人才培养方面深入合作。

4月10日,订单班组班仪式举行(见图8-21),两家企业代表就2018年招聘岗位、薪资待遇及职业发展规划等方面向同学们进行了介绍,并回答了大家关心的问题。随后,同学们参与了专业技能知识测验、心理测试及面试等环节的考核,共有40名同学入选订单班。

图8-21 订单班组班仪式现场

案例:陕西工院与亿滋(中国)再度携手,推进人才共育

2018年4月11日至14日,陕西工院与亿滋(中国)再度携手,完成了新一届订单班的组建、举办了师生趣味运动会、共同研讨了人才培养方案及共建实训室等事宜,进一步加深了校企融合。

经过校园宣讲、预报名、初步筛选、笔试、面试以及学生的自主选择等环节后,共有78名同学进入新一届"亿滋订单班"(见图8-22)。4月14日早上,上完企业培训师的第一节课后,企业来人与同学们一起参加了室外趣味运动会。通过"末班车""饮水思源""时间管理"等系列活动,既提高了同学们与企业员工的融合度,又增强了大家的团队意识和协作意识。

图8-22 新一届"亿滋订单班"组建

期间,校企双方就过去五年合作基础上的人才培养方案、学生培训课程、上岗实习、共建实训室等事宜进行了交流研讨,确定了实训室的建设方案和实施方案。

通过本次的校企交流,双方一致表示将继续加强校企合作,加强订单班管理,进一步细化学徒制培养方案,争取为企业输送合格人才,也为学生高质量的就业保驾护航。

案例:陕西工院首届"天成钛业"订单班开班

2018年6月7日下午,陕西工院2018年首届"天成钛业"订单班开班仪式在行知楼E511举行,出席开班仪式的有咸阳天成钛业有限公司总经理车伟、行政部部长陈国强、人事主管王倩薇,陕西工院材料学院院长罗怀晓、副院长韩小峰以及此届订单班的31名学生。开班仪式由材料学院副院长韩小峰主持(见图8-23)。

图8-23 首届"天成钛业订单班"开班仪式

会上,材料学院院长罗怀晓向车伟总经理一行的到来表示欢迎,向加入订单班的同学们表示祝贺,希望入选订单班的同学们严格要求自己,在校企的共同培养下,不断提高自己的技能水平和职业素养,快速融入企业,争取成为企业的优秀员工。咸阳天成钛业有限公司总经理车伟感谢学院对订单班的大力支持,向入选订单班的同学表示祝贺,并期待同学们再接再厉、勇于攀登、不断克服各种困难,早日成为公司的中坚力量。

随后,企业行政部部长陈国强就订单班的校企联合培养做了详细介绍。订单班班主任张战英、学生代表孟伟分别表态发言。

据悉,本届"天成钛业"订单班,经过前期企业宣讲、综合面试,共选拨出来自材料成型与控制技术、理化测试与质检技术等专业31名同学。开班仪式后,本届订单班将分三阶段,递进式对学员进行系统培训,有效提升学员的综合职业能力。

案例:陕西工院举行第二届"京东方班"开班仪式

2018年6月28日下午,2018年第二届"京东方班"开班仪式在崇文楼九楼第一会议室召开。京东方集团技能人才确保部、校企合作科科长韩赫,数控工程学院院长刘清、党总支书记郝军,京东方集团西南招聘中心招聘经理李佳坤、京东方班班主任王国柱以及第二届京东方班全体学生参加了开班仪式,开班仪式由数控学院党总支书记郝军主持。

刘清院长介绍了本届京东方班的基本情况,经过宣讲、笔试、面试等环节,最终有40名同学入选第二届京东方班,涉及机电、数控、电气、电子信息等专业。韩赫科长表示欢迎各位同学加入京东方这个大家庭,希望各位京东方学员努力学习,进入京东方企业发展(见图8-24)。最后,京东方班班主任王国柱老师希望同学们珍惜机会好好学习,早日成为企业欢迎的优秀人才。

信息学院召开"京东AR+商品制作"订单班宣讲会(见图8-25)。2018年9月2日晚,陕西工院信息工程学院"京东AR+商品制作"订单班宣讲会在学术会堂举行,出席本次宣讲会的有西部数字文化产业基地负责人李奕君、运营总监柏佩华,软件教研室主任赵革委、订单班班主任王濛以及2016级数字媒体应用技术专业171名学生,宣讲会由信息工程学院副院长殷锋社主持。

图8-24 第二届"京东方班"开班仪式合影

图8-25 京东AR+商品创作订单班宣讲会

首先,殷锋社副院长简要介绍了本次订单班的基本情况,他希望同学们珍惜这次机会,认真思考,谨慎选择,不犹豫也不后悔。其次,西部数字文化产业基地负责人李奕君先生详细介绍了京东AR+商品制作项目的背景、来源、现状以及未来的发展前景。他说,京东AR+商品将会为AR电子购物制定一个行业标准,AR+商品制作行业将是一个具有创新性和发展远景的工作。赵革委老师作为联络人,详细介绍了本次订单班的详细过程和基本要求。最后,柏佩华总监详细介绍了AR+商品制作项目细节流程,并对此次培训计划和任务做了详细说明,她说本次培训的内容将围绕制作AR+商品的建模技术、贴图技巧、灯光设置等方面进行专业培训。

宣讲结束后,同学们就工作性质、工作内容向公司进行了详细的询问和咨询,经过和企业的深入交流,70多名有意向的学生报名。9月3日,经过初步筛选,公司选择42名学生从9月3日下午开始参加企业为期四周的专业知识培训。在培训过程中,公司还将进一步考核和筛选,被公司选中并愿意进入位于沣西新城的陕西中清龙图数字科技公司工作的同学将在该公司就业。

2018年9月18日上午,2019届"贝斯特订单班"开班仪式在崇文楼十楼第五会议室召开(见图8-26)。无锡贝斯特精机股份有限公司人事部部长谢兴,学院教务处、校企合作处、学生处、机械工程学院和数控工程学院相关负责人以及贝斯特订单班班主任、全体学员参加了开班仪式,仪式由数控学院党总支书记郝军主持。

图8-26　陕西工院2018""贝斯特订单班"开班仪式

数控学院院长刘清表示,本次"贝斯特订单班"的组建既是对陕西工院校企合作的深入发展,也是对陕西工院人才培养给予的充分肯定。无锡贝斯特精机股份有限公司人事部部长谢兴对公司进行了简介,对"贝斯特订单班"的开班以及后续的教育教学进行了介绍,并对订单班学生提出希望。"贝斯特单班"学生代表张少辉、解旭波同学发言。

2018年,华星公司与陕西工院共建人才培养基地(见图8-27)。2018年9月13日上午,2018年"华星订单班"开班仪式在崇文南楼第五会议室举行,华星光电技术有限公司招聘配置部部长康磊、惠州华星HR科长孙静静、陕西工院数控学院党总支书记郝军、院长刘清,电气学院副院长夏东盛、教务处副处长刘军旭、校企合作处副处长王化冰与订单班全体学员参加仪式,郝军同志主持开班式。

图8-27　陕西工院2018年"华星订单班"开班仪式

数控学院院长刘清对华星公司康部长一行表示热烈欢迎。他说,本次订单班的成功组建是对学院校企合作的深入发展,也是对学院人才培养给予的充分肯定。华星光电技术有限公司招聘配置部部长康磊简要介绍了公司的基本情况,并对"华星订单班"的后续教学安排进行了通报。他还对订单班学生提出希望。

在订单班学员代表发言后,刘清和康磊为校企合作人才培养基地揭牌,全体订单班学生在精艺楼前合影留念。

陕西工 2018 年 9 月 18 日下午,陕西工院第三届"台达订单班"开班仪式在崇文楼 10 层第五会议室举行(见图 8-28)。台达集团中达电子(江苏)有限公司人资招募主管吕柏禅,人力资源招聘专员王松云、徐亚南,学院教务处、校企合作处、学生处、数控工程学院相关负责人以及第三届"台达班"班主任和全体学员参加了会议,仪式由郝军书记主持。

图 8-28 陕西工院第三届"台达订单班"开班仪式

数控学院院长刘清向台达集团中达电子(江苏)有限公司一行的到来表示欢迎,向入选第三届"台达班"的全体同学表示祝贺,同时告诫进入订单班学员要珍惜机遇,努力学习,成为对社会、对企业有用的高素质人才。随后,吕柏禅主管对中达电子(江苏)有限公司的发展现状、学员将来在企业上升通道、培训学习、薪资福利等情况进行了说明,并期望同学们在订单班学有所成,感受企业文化,和企业共同进步。最后,吴莎莎代表第三届台达订单班的学生发言;学员们宣读了进班承诺书。

2018 年 9 月 25 日,陕西工院与浙江海德曼智能装备股份有限公司合作组建的第一届"海德曼订单班"在崇文楼 10 层第五会议室成功开班(见图 8-29),浙江海德曼智能装备股份有限公司销售部部长任鹏、业务主管吕涛、西北区域售后主管董萌,陕西工院教务处、校企合作处以及数控工程学院相关负责同志参加了开班仪式。

浙江海德曼智能装备股份有限公司是全国重点数控机床企业。第一届"海德曼订单班"的学员由陕西工院数控工程学院机电一体化技术专业、数控技术专业和机械工程学院机械制造及自动化专业同学组成,共计 30 余人。

2018 年 10 月 16 日下午,陕西工院与丘钛科技有限公司合作组建的"丘钛订单班"在崇文楼 10 层第五会议室成功开班(见图 8-30)。丘钛科技有限公司人事行政总监乐燕芳,陕西工院学工部部长、学生处处长王超联,就业处、校企合作处处长卢文澈,教务处副处长张磊,数控学院院长刘清、党总支书记郝军、副院长段文洁及订单班全体学员参加了仪式,开班仪式由郝军同志主持。

图 8-29 陕西工院 2018 年第一届"海德曼订单班"开班仪式

图 8-30 陕西工院 2018 年丘钛订单班开班仪式

会上,刘清同志首先介绍了数控学院师资力量、专业建设、人才培养等基本情况,希望同学们珍惜机会,努力学习,认真履行"丘钛准员工和陕西工院学生"的双重职责,通过学校搭建的校企协同育人培养平台,不断提升自己、完善自己,为学校争荣誉,为企业增荣誉。丘钛科技有限公司人事行政总监乐燕芳对丘钛公司进行了介绍,并期望同学们在订单班学有所成,感受企业文化,和企业共同进步。随后,来自机电、数控、机器人专业的 45 名学员通过集体宣誓表达了自觉接受校企双方系统学习培养,以优异成绩回报公司、回报母校的决心。会后,丘钛科技有限公司人事行政总监乐燕芳走进陕西工院文化大讲堂,为学生作了题为"未来已来,将至已至"的专题报告。

2018 年 10 月 12 日上午,陕西工院与亿滋(中国)第三届现代学徒制班开班仪式在崇文南楼第五会议室举行(见图 8-31),亿滋中国北京、苏州湖东、苏州湖西 iTech 项目负责人,陕西工院数控学院党总支书记郝军、院长刘清,教务处副处长刘军旭、校企处副处长王化冰、学生处副处长张科海及学徒制班全体学员参加了仪式。开班仪式由郝军同志主持。

图8-31　陕西工院·亿滋(中国)第三届现代学徒制班开班仪式

本届学徒制班组建伊始,亿滋亚太区供应链人力资源总监李卫洪先行带领亿滋(中国)北京、苏州湖东、苏州湖西各工厂iTech项目具体负责人一行来陕西工院与陕西工院党委书记惠朝阳,党委副书记、副院长刘永亮等就进一步加强校企合作进行了广泛的交流,确定从2018年开始合作开展iTech项目2.0版校企育人模式。

陕西工院与亿滋(中国)从2013年开始合作,截至目前,在校企双方的精诚合作下,已经向亿滋中国北京、苏州、广州等工厂培养输送了六批共计500多名学生,他们的素质、技能获得公司的多次肯定,已有张天伦、杜鹏、王琪等毕业生成长为公司各工厂的技术骨干力量,受到公司的高度重视。

本期学徒制班有来自机电、数控、数维专业的65名学生通过初审、笔试、面试等考核环节,最终进入第三届现代学徒制班,他们接下来会参加到班级的各项学习活动当中去,接受校企双方系统的学习培养和更深层次的考核筛选。

为进一步增强团队的整体意识、协作精神和凝聚力,2018年11月15日,数控工程学院组织新一届校企合作"亿滋现代学徒制班"在崇明楼103教室开展团队拓展训练活动(见图8-32)。校企合作专项办事员、亿滋班班主任张旭老师现场组织指导,新一届校企合作"亿滋现代学徒制班"60多名学员参加了活动。

活动中,张旭老师向大家讲解了本次团队拓展训练的规则,并组织全体学员进行了"滚雪球""气球排排走""坐地起身"等团队融合、团队展示活动。学员们个个热情洋溢,认真投入,为本队赢得胜利献力献策。团队精神、合作意识等理念在团队拓展训练中深入人心。活动结束后,张旭老师为优胜团队颁发了参与奖。

通过紧张有趣的团队拓展训练,"亿滋现代学徒制班"学员的沟通及配合能力得到了提升,团队氛围更加和谐。同时,学员们对亿滋(中国)团结、协同、合作的企业核心文化也有了更深刻的认识,为全面提升班级凝聚力和学生的综合素质奠定了良好基础。

图 8-32 亿滋现代学徒制班开展团队拓展训练活动

(四)第二课堂提升工程——大赛、创新创业、第二课堂、公益活动和勤工俭学等

为促进大众创业、万众创新,积极营造人人皆可成才、人人尽展其才的职业教育环境,以展示职业教育办学特色和成果,以"弘扬工匠精神 打造技能强国"为主题的2016年陕西省职业教育活动周在陕西工业职业技术学院火热进行。

案例:陕西省大学生创新创业作品及案例展

2016年5月6日下午,陕西省大学生创新创业作品及案例展在陕西工院开展,陕西省教育厅副厅长王紫贵,教育部职成司高职发展处副处长任占营,全国高职高专校长联席会议主席董刚,高职教育知名专家陈解放一行观摩了陕西高职院校学生创新创业作品,并对陕西工院人才培养模式和创新创业教育给予了高度评价。

2016年5月6日—8日,陕西工院承办了陕西省大学生创新创业训练营活动(见图8-33),来自全省92所高校的师生通过企业体验、专家讲座、实战训练、项目路演和成果评比等环节,强化了创新创业能力,增强了高职教育的品牌影响力(见图8-34)。

图 8-33 陕西省大学生创新创业训练营开营仪式

图 8-34　陕西省大学生创新创业训练营活动现场

案例："传承技术技能,促进就业创业" 学生科技作品展暨职业技能志愿服务活动

2016年5月9日下午,"传承技术技能,促进就业创业"学生科技作品展暨职业技能志愿服务活动在陕西工院成才大道举行。各二级学院和学生社团都带上了本专业的拿手绝活:机械工程学院刚刚获得全国大学生机械创新设计大赛陕西赛区二等奖的遥控吊装卡车、数控工程学院的3D打印校徽、电气工程学院的智能环境检测系统、土木工程学院的江南小榭模型等,让人目不暇接(见图8-35)。学院领导和各相关部门负责同志一边驻足观看,一边与在场师生亲切交谈,并勉励他们积极发展兴趣爱好,主动参与实践,加大自主创新力度,大力弘扬精益求精的工匠精神。有关部门要加大扶持力度,为大学生创新创业铺平道路。

案例："创新改变世界,创业成就未来"文化大讲堂

2016年5月9日下午,举行"创新改变世界,创业成就未来"文化大讲堂,新道科技股份有限公司西安分公司副总经理杨祥威受邀担任主讲嘉宾,作了主题为"企业视角下的创新创业"的讲座。会上,杨祥威副总经理结合企业的核心是人、财、物,无论是创业还是职场,都需要成本,都有风险,同时有不同程度的回报,希望同学们结合自己的能力专长、适合领域或企业理性地进行职场定位,并用耐心换回报。建议有志于创业的同学,首先要具备创业者的基本素质,把自己变得更加强大;其次需要好的团队、资源和平台;最后要把项目顶层设计做好,具有可持续性,以取得最后的胜利。本次活动使同学们对今后如何选择创业方向有了更清醒的认识,激发了同学们的创业热情,增强了创业信心。

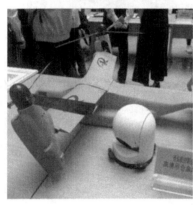

图 8-35

案例：百所高中校长教师走进陕西工院进行职业教育观摩

2016年5月10日,来自西安、咸阳、宝鸡、渭南、安康、汉中、商洛、延安、榆林等十地市的百余所高中校长、教师代表来到陕西工院实地考察汽车工程与服务技术训练中心、机加工训练中心、建筑工程技术综合实训室、焊接实训基地、欧姆龙技术中心、应用化工技术训练中心等实训基地。增进高中教师对陕西工院办学理念、人才培养、基础设施、招生就业等情况的了解,充分展示学院的办学实力、办学成果与办学特色,持续扩大陕西工院品牌的影响力与吸引力。

自2015年起,国务院将每年5月份的第二周定为全国职业教育活动周。陕西工院通过一系列的活动全方位展示学院的办学实力、办学成果与办学特色,使全社会了解职教、体验职教、参与职教、共享职教发展成果,持续传播职教正能量,树立"劳动光荣、技能宝贵、创造伟大"的时代风尚,营造社会氛围,提高职业教育的社会影响力和吸引力,培育精益求精的"工匠精神",激励学子乐于创新、勇于创业。

案例：大国工匠进校园 工院师生感悟工匠精神

2017年3月28日上午,李世峰、张新停两位"大国工匠"来到陕西工院,向工院学子展示实操绝活、讲述个人成长历程、分享职业理想。这是由教育部关工委、中华全国总工会宣教部和陕西省教育系统关工委联合主办的"大国工匠进校园"活动陕西首场,该活动以"弘扬工匠精神,提升职业素养"为主题,邀请不同行业的技能大师走进校园,展示工匠精神,引导学生提升综合素养,成为工匠精神的传承者和弘扬者(见图 8-36)。

图8-36 "大国工匠进校园"活动陕西启动仪式暨首场活动在陕西工院举办

教育部关工委常务副主任、国家督学王富,陕西省教育厅巡视员、陕西省教育系统关工委主任刘桂芳,陕西省总工会副巡视员卫高潮,陕西省关工委常务副主任吕明凯,陕西省国防工会主席王明考,陕西省教育系统关工委常务副主任上官养志,陕西省教育系统关工委副主任张朝,全总宣教部职工教育处处长彭艺,陕西省总工会宣教部部长张朝惟和陕西工院党委书记崔岩、院长张晓云出席活动。陕西省高职院校的1 300余名师生与两位技能大师进行了面对面的交流,全总宣教部副部长王舟波主持活动。

学院党委书记崔岩在致辞中首先对各位领导和省内各职业院校代表表示诚挚的欢迎,对教育部关工委、全国总工会、陕西省教育厅、陕西省总工会、陕西省关工委、陕西省教育系统关工委多年来给予陕西工院建设发展的关心与支持表示衷心的感谢。他指出,陕西工院历来重视在实践中培养学生职业技能和职业精神,形成了良好的品牌效应。学生在全国职业院校技能大赛中累计获得高职组一等奖50项,二等奖104项,三等奖117项,位居全省前列。毕业生得到社会各界的高度认可,学院也累计获得国家级荣誉10项。他表示,陕西工院将以此为契机,建设传播工匠精神的校园文化,探索培育工匠精神的教学模式,打造崇尚工匠精神的师资队伍,构建弘扬工匠精神的教学体系,展示职业教育的责任与担当,使职业院校成为新时期大国工匠的摇篮,为实现"中国制造2025"做出贡献。

陕西省教育厅巡视员、陕西省教育系统关工委主任刘桂芳发表讲话。她指出,把大国工匠请进校园,是贯彻落实习近平总书记、李克强总理关于弘扬大国工匠精神指示的重要举措,是教育学生坚定理想信念、崇尚劳动、敬业守信、精益求精、敢于创新、报国成才,成长为支撑中国制造,走向优质制造生力军的有效途径。她表示,陕西作为2017年"大国工匠进校园"活动的首站,是对陕西工省高职教育发展成果的认可和良好的期盼。陕西省还将建立院校与大国工匠长期联系的机制,把大国工匠、三秦工匠、技术能手请进校园,请进课堂,把大师们的敬业精神,融入教育教学和学生的培养中去,提升学生的思想道德修养和专业技能,使陕西省高等职业教育和中等职业教育进一步适应时代和国家发展的需要,推动和深化职业教育综合改革。

教育部关工委常务副主任、国家督学王富在讲话中介绍了"大国工匠进校园"活动的时代背景和重要意义。他表示,陕西是古代丝绸之路的起点,也是新时期"一带一路"倡议的重要节点。陕西工业职业技术学院在教学改革、人才培养和科技创新等方面,都为陕西乃至全国职业教育做了突出的贡献。

他指出,"工匠精神"体现的是对工作的热爱,对岗位的坚守,是精益求精的一种工作态度,是追求卓越的一种品质,是报国奉献的一种精神,也是对社会主义核心价值观的最生动的解读,更是我们国家由制造业大国走向创造强国的重要支撑。他还希望同学们能通过与"大国工匠"的交流,认真体会、深入思考,感悟工匠精神的深刻内涵,找到对自己的全新的认识和定位,开启人生一扇新的大门。

活动现场,中航工业西安飞机工业(集团)有限责任公司的钣金技师李世峰、中国兵器西北工业集团的钳工技师张新停先后为现场师生演练了飞机整流罩定型、盲配钥匙、生鸡蛋钻孔等精彩实操绝活,并与青年学生进行互动,回答现场及微信提问,分享他们从业以来敬业、精业的事迹与感悟。

"用榔头和飞机对话"的李世峰从事飞机机身零件钣金工作近30年,用手中的榔头敲打出数百架守卫边疆的战鹰。平均一架战机的机身,有40%～70%的零件出自他的手。张新停则是"为弹药立规矩的人"。自1992年从技校毕业起,他已在钳工岗位上工作了近30年,先后为保障99A主战坦克、155自行火炮的弹药精度研制出近万件精密量具。经他的手做出的产品,精度甚至超过了数控车床。

案例:"曹晶工作室"在陕西工院成立

2017年12月27日,"曹晶工作室"在陕西工院揭牌成立,院长张晓云、党委副书记王天哲与数控技能大师曹晶共同为工作室揭牌(见图8-37)。组织部部长张普礼、人事处处长卢庆林、教务处处长贺天柱,数控工程学院党政负责同志和教师代表参加仪式,杨卫军副院长主持仪式。

图8-37 "曹晶工作室"在陕西工院成立

陕西工院院长张晓云感谢曹晶同志接受邀请在陕西工院设立工作室。她表示,陕西工院建校以来一直致力于技术技能人才的培养,希望以曹晶工作室为平台,构建学校与大国工匠的长期联系机制,培养学生继承和弘扬工匠精神,潜心钻研,修炼职业素养。

在数控工程学院院长刘清介绍了工作室的建设情况和工作安排后,曹晶同志感谢陕西工院提供的交流成长机会。他表示,将按照工作室的项目要求,积极开展各项工作,加强专注、精准、创新精神的培育,传承精益求精、培养敬业拼搏的工匠精神。

曹晶，1974年9月出生，中共党员，高级技师，全国人大代表，全国技术能手，陕西省技术状元，陕西省首席技师，西安市劳动模范，享受国务院特殊津贴。他在法士特集团公司工作以来，脚踏实地、拒绝浮躁、作风严谨，从一名一线普通工人成长为全国技术能手，是数控行业技能拔尖、技艺精湛并具有较强创造能力和社会影响力的高技能人才。

案例：陕西工院让"工匠精神"引领技能人才成长

陕西工业职业技术学院机加工技术训练中心荣膺陕西省总工会授予的"陕西省工人先锋号"荣誉称号，成为全省教育系统仅有的代表。"这对于我们来说是一种鼓励，更是一种鞭策。我们会把这个奖项当成一个新起点，用实际行动培养更多的能工巧匠，擦亮'陕西工院'的金字招牌！"负责训练中心管理工作的数控学院刘清副教授深有感触地说。

就像谈起陕西高职教育的发展不能不提陕西工业职业技术学院一样，说起陕西工院，机加工技术训练中心是必不可少的重要一环。组建于2012年的机加工技术训练中心，实训车间占地7 000平方米，拥有总价值9 500万元的实训、生产设备356台套，下设车工、铣工、磨工、钳工、数控车工、数控铣工、加工中心、特种加工、滚齿加工、设备装调、机密测量等11个实训班组，面向机械、数控类专业学生及装备制造类企业开设了150个实践训练及产品加工任务。中心拥有全国首批、西北地区仅有的FANUC技术培训中心，全国首批德国DMG培训基地，全国数控技术专业师资培训基地，是排名西北地区高等职业院校首位的制造类实训中心，先后有近6万名毕业生从这里走向"大国工匠"。

传承鼎新，用实践经验锤炼工匠。职业教育重在强化学生的动手能力，给予学生一技之长和立身之本。依托一支业务理论精、实践技能强、综合素质高的优质师资（师傅）团队，陕西工业职业技术学院机加工技术训练中心立足"现代学徒制"对技能人才培养的需求，用职业标准对接课程内容，以教学过程对接生产过程，让技能人才不出校门便能完成向"工匠型人才"的华丽转身。

训练中心现有国家技能竞赛裁判员5人，全国机械工业技术能手2人，陕西省技术"状元"4人，陕西省技术能手8人，源自生产一线的高级工程师、工程师、技师占比高达80%。王彦宏副教授多次应邀执裁全国数控技能大赛，成了全国数控加工领域的技术专家；青年教师冉朝、张飞鹏参加全国数控技能大赛，荣获"四轴加工""五轴加工"一二等奖；杨勇同志连续3年指导学生参加全国职业院校技能大赛，获奖无数……这支既熟知岗位操作技能，又具备丰富技术实践的师资团队，勤于指导学生解决生产中的疑难杂症，善于运用个人技能带领团队解决实际问题，向学生普及知识、传授技艺、传播理念、传承精神，乐于帮助并培养学生共同进步、共同成长。

随着现代制造技术的飞速发展，新技术、新工艺层出不穷，企业的技术、装备更新日益加速。训练中心还定期组织教师进行集中培训，到合作企业交流，向企业一线能工巧匠和技术大师学习装备制造业领域内的最新技术和最新工艺，并承担了部分型号机床的研发设计和生产制造任务，圆满完成了"数控端面磨床"、数控化"万用磨床"的升级改造任务，牵头修订了国家金属切削机床标准JB/T9917.1，JB/T3875.2等12项。

精益求精，以科学训练培养工匠。所谓"工匠精神"，其精髓在于对产品、工艺、技能精益求精、一丝不苟精神和锲而不舍的追求。在实训项目设计之初，训练中心就考虑到高职学生的实际情况，实训从基础加工手段入手，激发他们的技能学习兴趣，再通过"项目化""任务化"驱动教学，突出强化"真实零件加工"对学生职业技能提升的内驱动力，并在实训中引入"5S管理"，让学生严格按照"整理、整顿、清扫、清洁、素养"进行生产现场管理，帮助他们养成良好的职业习惯，使学生初步具备了现代工匠所需的基本技能和素养。

"精密平口钳制作与装配"是每一个陕西工院大机械类专业学生必须经历的一项特色实训项目。要完成一台坚固耐用、配合准确的精密平口钳，需要学生从钳工入手，配合完成车工、铣工、磨工等，再进行装配、调校等一系列工序。在加工过程中，有学生提出："我们会做这种产品就行了，没有必要对精度要求这么高，毕竟我们还是学生嘛！"负责该实训项目的孙宇天老师并没有用大道理去教育这个"顽皮"的同学。当他带着学生做完这件产品，体验完完整的工序后，才用实际行动告诉大家："从机加工技术训练中心出去的学生，必须养成一丝不苟、精益求精的良好习惯。图纸怎样要求，我们就必须想尽办法达到甚至超过它，这是你们将要从事的技术工作的基础，也是你们成为现代工匠的必备素质！"

"指导老师对我们从劳动纪律、实践操作、安全、卫生等方面的严格要求，使我们在校期间就拿到了中级工证书，还提前感受到了企业的真实氛围，让我们一毕业就能适应岗位的要求。"回忆起在训练中心的实训，现就职于美资企业亿滋（中国）北京分公司的王闯同学深有感触地说。

滴水见海，除了指导教师们的躬身示范、言传身教外，训练中心还按照企业对工匠型人才的综合要求，不断优化实训内容和教学组织形式，定期开展班组教研活动，试点专业综合改革，适时调整实训项目，先后完成了车工、铣工、磨工、钳工、数控车工、数控铣及加工中心、机械装调和精密测量等16门实训课程标准，制做了机械制造与自动化专业的车工、铣工和数控车工等21门实训课程的指导书，并为相关专业学生进行车工、铣工、磨工、数控车工、数控铣工、钳工等工种培训和鉴定5 456人次。

依托社团，用创新作品承载匠心。走进机加工技术训练中心大跨度的综合实训车间，首先映入眼帘的一排作品展柜中，栩栩如生的蜘蛛、精致小巧的企鹅、逼真还原的维纳斯、配合精密的钟楼……一件件构思精妙的学生技能作品无不让观者体味着作品中蕴含的工匠之心。

这些得益于机加工技术训练中心依托各工种成立的学生兴趣社团，为学生搭建了创新发展平台。车工、铣工、磨工、钳工、数控车、数控铣、加工中心等7个工种协会，均由训练中心的高级工或技师负责指导，机械、数控类专业学生踊跃参与，协会定期组织开展专业认知、技能提升、作品展示活动，有效激发了学生的学习兴趣和创新意识，也让学生在实践中锤炼了技能，提升了素质。近三年来，学生荣获全国职业院校技能大赛"三维建模数字化设计与制造"赛项团体二等奖2项、三等奖1项；陕西省职业院校技能大赛、陕西省数控大赛选拔赛、陕西省模具协会技能竞赛等省级奖项40余项。

训练中心还积极承担全国中职学校数控技术专业骨干教师培训任务，先后完成6期共120名教师的提升任务，并多次承办陕西省模具协会举办的全省职工车工、铣工、数控车工、数控铣工、线切割技能大赛及企业职工技术比赛，并积极与相关装备制造类企业开展合作，为陕西法士特汽车传动集团公司、西北医疗器械公司、庆安集团有限公司、陕西北人印刷机械有限责任公司等单位，培训机电维修类专业人才435人次。

全国两会政府工作报告不止一次地指出，"鼓励开展个性化定制、柔性化生产，培育精益求精的工匠精神"。随着经济结构调整和产业升级发展，"互联网+""工匠精神"日益成为国家和民族创新的内在驱动力。陕西工业职业技术学院，这所有着60多年职业教育传承的国家示范名校，一定能让更多怀揣梦想的莘莘学子从这里走向大国工匠。

案例：共筑职教梦、喜迎十九大，陕西工院举办职教活动周大学生科技作品展

共筑职教梦、喜迎十九大，2017年5月8日下午，陕西工院2017年职教活动周之"崇尚一技之长，成就出彩人生"大学生科技作品展在精艺楼前广场举行。院党委书记崔岩、院长张晓云、党委副书记王天哲、副院长梅创社、副院长杨卫军、纪委书记康强赴展览现场参观指导，并与参展师生交流（见图8-38～图8-42）。

图8-38　学院领导观看电气学院学生制作的智能小车现场演示

图8-39　院党委书记崔岩听取材料学院学生介绍技能作品

图8-40　院长张晓云观看机械学院学生设计的智能衣柜功能演示

图 8-41　学院领导与数控学院师生交流

图 8-42　学院领导听取电气学院学生介绍科技作品

展览现场，各参展团队精心布置，展示各自的特色和魅力：土木工程学院的钟楼建筑模型、电气工程学院的智能机器人、数控工程学院的 3D 打印奔马图、化工与纺织服装学院在俄罗斯获奖的服装设计作品、机械工程学院获得专利的农用车水箱防侧翻装置……一件件作品无不体现着工院学子的奇思妙想和聪明才智。

在宣传部、科研处、团委等相关部门负责同志陪同下，学院领导在每个展位前驻足停留，听取同学们的讲解，观看作品演示，详细询问作品的研制和应用情况，并勉励同学们大胆实践、勇于创新，用自己掌握的知识和技能成就出彩人生。

据了解，2017 年职业教育活动周期间，陕西工院相继组织开展了"职教调研立标杆，追赶超越创一流"职业教育调研、"弘扬工匠精神，提高职业素养"师生专题分享等活动，并承担了陕西省 16 所院校、42 支队伍、14 个赛项的全国职业院校技能大赛陕西省参赛队伍集训任务。随着职教活动周的深入推进，陕西工院还与陕西机电职院"示范结对帮扶，助力追赶超越"，并举办职业技能志愿服务、心理健康教育宣传，组织创新创业大赛、职业生涯规划大赛、"互联网＋"大赛等，全方位展示陕西工院的办学实力、办学成果与办学特色，使全社会了解职教、参与职教、弘扬"工匠精神",共享职教成果,树立"劳动光荣、技能宝贵、创造伟大"的时代风尚,激励工院学子德技并重、勇于创新。

案例:汽车学院举办暑期汽车专项技能特训营

为提高学生的专业技能水平,培养高素质汽车行业工匠,2017年7月11日至8月6日,汽车工程学院联合西安金康汽车维修设备有限公司举办了为期四周的暑期汽车专项技能特训营(见图8-43)。

图8-43 汽车学院举办暑期汽车专项技能特训营

该学院汽车检测与维修技术、汽车车身维修技术和汽车电子技术等专业的53名同学与青年教师一起接受了企业专业技师的汽车快修快保、汽车美容、汽车钣金等项目的系统培训,并对所有参加培训的学员按项目工作要求进行了考核。

专业技能水平是汽车技术类专业学生就业的核心竞争力。本次专项训练,不仅提高了专业学生的技能水平,加强了学生对汽车市场的了解,而且极大地提升了青年教师的实践教学能力。

案例:陕西工院师生参加2016年全球创业周中国西安站活动

2016年11月25日,由陕西省科技厅、陕西省商务厅主办的"2016东西部科技成果与专利技术转让合作促进大会暨2016全球创业周中国西安站启动仪式在西安举行,陕西院教务处组织40余名师生参加活动(见图8-44)。

图8-44 "匠人匠心 建功青春"我院举办手工艺作品展

这次大会以"东西合作共建区域创新平台,政企互动拓展大众创业空间"为主题,由开幕活动、项目推介、成果展示、专家讲座,以及2016年全球创业周、网上展示等六项内容组成;以"精品展示、主题推介、产业对接、营造氛围"为主题架构,突出产业项目对接,提高科技成果的转化实效;探讨如何借助创业浪潮,为陕西省乃至西部注入更多新颖接地气的传播理念,帮助众多科技型初创企业走出西部,走向世界。

通过实地参与项目推介、与知名创业者交流,使参会师生们深受启发,为陕西工院今后创新创业教育和互联网+大赛提供了强大的助力。

2017年12月6日下午,由陕西工院团委主办、数控工程学院承办,主题为"匠人匠心,建功青春"的大学生手工艺作品展在成才大道展出。

本次手工艺作品展共展出200余件作品,涉及模型、剪纸、折纸、木刻、编织、泥塑等多种形式。经过评选,杨慧、王筱、党黎明等同学的3件作品荣获一等奖,刘杰杰、伊洁、邓诗琳、王洁、王文燕、薛航等同学的5件作品荣获二等奖,薛佳豪、韦浩、周康、杨小帆、王德峰、姚妍妍、刘李婷等同学的7件作品获得三等奖。

2018年6月25日上午,香港电讯总裁陈剑和一行莅临陕西工院,考察物流管理学院正在孵化的香港电讯跨境电商项目"小红书"的进展情况。物流管理学院院长李选芒,电子商务教研室杨涛、王冠宁等陪同。在随后举行的交流洽谈会上,李选芒对陈剑和总裁一行表示热烈欢迎,并详细介绍了物流管理学院的基本情况和"小红书"项目的孵化进展(见图8-45)。他表示,该项目的孵化得到了沣西新城管委会的高度认可和赞许,为项目成功落户沣西新城奠定了坚实基础。陈剑和总裁回顾了香港电讯与陕西工院的合作历程,认为陕西工院电商专业规模宏大、实力雄厚,师资队伍有很高的职业素养和能力,希望校企双方能进一步扩大合作范围。

这是继12日香港电讯总经理蔡安妮一行考察"小红书"项目后,该公司领导第二次来陕西工院考察。此次考察,巩固了陕西工院与香港电讯的合作关系,为双方后续更为广泛深入的合作奠定了坚实的基础(见图 8-46)。

图 8-45 "小红书"项目展示

图 8-46 香港电讯总裁陈剑和一行赴陕西工院考察校企合作项目进展

(五)激励机制实施工程——奖学金、专项奖、校友大讲堂等

案例:优秀校友郭林做客陕西工院"文化大讲堂"

9月8日下午,陕西工院信息工程学院2009届优秀校友郭林做客"文化大讲堂",为该学院2015级300余名学生作了题为"奋斗之后是幸福"的专题讲座。信息工程学院总支书记闫军、学工办主任何瑾等参加讲座。郭林校友与学生分享了自己毕业多年的成长经历、就业心态和经验,同时给在座的所有学弟学妹们提出了几点建议和寄语:一是珍惜大学的美好时光,绝对不能荒废学习的青春,及时调整自己,为自己做好规划、设定目标;二是进入大学要学会自主学习,学会对自己的时间管理,更重要是学会独立、学会做人、学会思考;三是要学会感恩、学会宽容,珍惜同窗之谊,师生之情;四是参加社团活动,挖掘自己的兴趣爱好并充分发挥,倡导一定要参加勤工助学活动;五是学好专业基础课程,不要把电脑当影碟机或游戏机,掌握必要的计算机操作能力。

郭林,计算机信息管理专业2009届毕业生,在校期间成绩优异,多次获得院级奖学金,还曾担任学生党小组组长,工作认真负责,深受好评,现就职于北京搜房媒体科技发展有限公司,任销售总监。

9月21日,浙江芬雪琳针织服饰有限公司人力资源部经理张灯荣做客陕西工院"文化大讲堂",为化工与纺织服装学院400多名师生作了题为"为自己工作"的专题讲座。本次讲座由校企合作处主办,化工与纺织服装学院承办。

张灯荣经理以职业发展为题,提出了进入企业就是人生的第二所大学,企业的规章制度就是大学的课程,企业的制度越严格规范,培养的人才质量越高。他对同学们指出,进入职场就要抱有一颗谦虚谨慎的学习态度,人生处处是考场,人生事事皆考题,应结合自我在企业的成长做事,经历"认真、务实、求新、合作"四种境界就能成就事业,完美人生。

9月21日下午,由陕西工院校企合作处主办,数控工程学院承办的文化大讲堂在崇文西楼举行,亿滋食品北京饼干厂营运经理刘杰应邀为数控学院400余名学生作专题报告。数控学院党总支书记郝军主持报告会。

刘杰经理的讲座重点就如何确定职业路径,如何理性对待第一份工作,给同学们做了深入的讲述。他通过自己的成长经历和职业发展历程,告诉同学们,人要有梦想,要为自己设立目标,寻求差距,面对困难要有信心,并通过刻苦学习,不断提高自己来努力实现目标。公司和企业是成就个人职业的舞台,一定要把握公司提供的每一个机会。报告还穿插了互动等环节,现场气氛热烈而活泼,同学们深受感动。

刘杰,硕士,毕业于中欧国际工商学院MBA,现任亿滋食品北京饼干厂营运经理。曾于2011年获得亿滋中国区七大价值观奖,2012年获得亚太区黑带项目评比第一名,2013—2015年均获得的中国区行为价值观奖。

图8-47 "微世界·大展望"专题报告

10月18日下午,由陕西工院校企合作处主办,信息工程学院承办的新一期文化大讲堂在学术会堂举行,中软国际西安中卓信息技术有限公司ETC技术总监张大璐应邀为信息学院400余名学生作了"微世界·大展望"的专题报告。信息工程学院党总支书记闫军主持报告会。

张大璐技术总监首先从学业认知、专业认知、自我认知对学生进行解惑引导;然后从移动互联网、物联网、应用软件、IT职业划分等方面分析了IT行业现状;最后,帮助学生清晰自我生涯规划,重点讲述了大学三年三个阶段的生涯规划。他说:大一是生涯探索期,是理念导入、自我认知、专业与职业探索、搜集劳动力市场信息的最佳时期,要培养新环境适应、人际关系建立、自我管理、自我塑造等四种能力;大二是生涯规划期,是职业定位、目标设定、生涯决策的黄金阶段,要培养团队归属、目标意识、有效实践等三种能力;大三是生涯能力提升期,是职业技能、素质提升、潜能开发等提升的宝贵时机,要培养知识系统化、人际能力拓展、自我营销技巧等三种能力。报告会现场学术气氛浓厚,同学们深受启发。

案例:蓝鸥科技CCO李静波为信息学子作报告

11月16日下午,蓝鸥科技有限公司CCO李静波应邀为信息工程学院400余名学生作题为"移动互联网行业分析及关键技术"的专题报告(见图8-48),报告会由信息学院副院长殷锋社主持。

李静波CCO首先从移动互联网对日常生活的影响谈起,介绍了移动互联网的发展历程;然后,从移动互联网关键技术入手全面分析了移动互联网行业技术现状及所催生的新技术;最后,以Android开发平台为例,介绍了Android开发框架、Android开发规范、Android开发安全性、基于Android与HTML5的Hybridapp等开发技术,为陕西工院学生厘清专业技术路线、树立专业信心提供了帮助。

蓝鸥科技有限公司是一家集产、学、研、创为一体的综合性移动互联网研发机构,致力于iOS开发、VR/AR开发、Android开发、HTML5前端开发、Web安全攻防、UI设计、PHP、Java、VD视觉设计等技术的科技型公司。

李静波,蓝鸥集团首席运营官(联合创始人),15年IT从业经验,8年企业ERP软件开发经验,开发过大型国企的ERP管理软件和电厂ERP软件,熟悉企业管理的业务流程,是国内较早接触iOS开发的人员之一。

图8-48 蓝鸥科技COO李静波为信息学习作报告

案例:陕西有色光电HR安宏民做客文化大讲堂

11月24日下午,陕西有色光电科技有限公司人力资源部主任安宏民应邀为电气工程学院400余名学生作了"来自用人单位HR的心声"的主题报告,报告会由电气工程学院党总支书记杜云主持(见图8-49)。

安宏民主任从树立就业观念、职业定位、职业选择、应聘经验积累、企业用人标准、入职第一步等六个方面,为电气学子上了一堂生动的就业指导课。他告诫同学们要努力学习提升素质,为走好自己的就业路铺垫基础,转变就业观念,从现实出发选择自己的求职道路。他表示,现在我国提倡"万众创业、大众创新",创业者应做好前期调研分析和能力评估,具备坚定的信心、百折不挠的毅力和冷静的思维能力,还要有持之以恒、一往无前的精神。他希望同学们在校期间,在学习增强专业技能之余,多参与社团活动,加强沟通能力、组织能力和协调能力的培养和锻炼,提升自己的就业竞争力。

安宏民,工商管理硕士、企业培训师、人力资源管理师、经济师,长期从事企业人力资源和综合管理工作,积累了丰富的实践经验,对大学生就业创业和职业生涯规划有很高水平的研究。

图 8-49　陕西有色光电 HR 安宏民做客文化大讲堂

案例:全国人大代表曹晶做客陕西工院文化大讲堂

2016年12月8日下午,全国人大代表、全国技术能手、陕西省技术状元、陕西法士特集团公司首席技能培训师曹晶做客陕西工院文化大讲堂,作了题为"技能成就梦想"的专题讲座(见图 8-50)。陕西工院机械、数控、电气、材料四个二级学院 400 多名学生和机械工程学院部分教师参加讲座。本次讲座由学院校企合作处主办,机械工程学院承办。讲座由机械工程学院党总支书记乌军锋主持。

图 8-50　全国人大代表曹晶做客陕西工院文化大讲堂

曹晶从自己的成长经历和感悟,苦练数控技术、大赛检验技能、公关关键技术、解决生产难题以及自己对工匠精神的理解等几个方面,结合自己成长、发展和实现自己梦想的经历和体会,作了一场精彩丰呈、很接地气的专题讲座。在讲座过程中,曹晶给现场学生提了很多很好的建议和嘱托,建议同学们在校学习期间要培养较强的学习能力、创新意识和创新能力,培养较强的环境适应能力和正确认识、准确判断自己的能力,并希望同学们要戒骄戒躁,珍惜目前的各种学习机会,努力提高自己的自信心,同时强调同学们要学会感恩。

机械工程学院党总支书记乌军锋在总结时首先对曹晶老师生动精彩的报告表示感谢,同时希望同学们要以曹晶老师为榜样,要勤奋好学,做事情要踏实认真,对个人要严格要求,要勇于挑战自我,希望同学们珍惜目前在好校很好的学习机会,苦练技能,为以后在职场能有较好的发展奠定坚实的基础。

案例:弘扬工匠精神 传承非遗文化 宝鸡社火脸谱传承人张星做客文化大讲堂。

为进一步弘扬中华优秀传统文化,提升陕西工院师生的文化艺术素养,6月13日下午,学术会堂座无虚席,陕西工院学生处特邀宝鸡社火脸谱博物馆馆长、宝鸡市民间文艺家协会副主席、2008年宝鸡市第一批非物质文化遗产社火脸谱绘制技艺代表性传承人、首席画师、"中国十佳民间艺人"张星做客文化大讲堂,为陕西工院师生作了题为"宝鸡社火民俗及社火脸谱的传承与设计"讲座,学生工作党委书记、学工部部长、学生处处长王超联,副处长张科海,二级学院学工办主任、部分教师同400余名学生共同聆听了讲座。讲座由学生处副处长张科海主持。

学院讲座开始前,学工部部长、学生处处长王超联为张星老师颁发了聘书,聘请他担任陕西工院学生工作部、学生处艺术教育客座教授。

张星老师首先从传统民间艺术引入,把自己带来的木板年画、凤翔泥塑、织布的梭子、洗衣用的棒槌、老虎枕、斗、马勺脸谱、皮影等民间艺术品一一展示给大家(见图8-51),具有民族传统的造型和色彩,让台下听众产生共鸣,引起了大家对传统民间艺术的兴趣。接着,他又从6月10日自然和文化遗产日谈起,从民间社火的起源、产生、类型讲到社火脸谱以及自己学习、从事社火脸谱的经历,特别是他为了搜集社火脸谱,跟着社火队,服务于社火队,整理出了一张张脸谱形象,让原生态的社火文化得以传承下去,让我们从中感受到了他精湛技艺背后蕴含着的对技艺精益求精、兢兢业业、一丝不苟的"工匠精神"。他深入浅出、生动形象的讲述感染了现场每一个人。

图8-51 宝鸡社火脸谱传承人张星做客文化大讲单

接下来,张星老师从社火脸谱讲到马勺脸谱的设计制作过程,从马勺脸谱的打磨、构图、白描、涂色讲到他独创的沥粉勾金技巧,并进行了现场演示。张星老师精彩的讲解赢得了现场阵阵掌声,不仅让大家近距离地了解了马勺脸谱的创作过程,还让大家受到了很好的民间艺术的熏陶,为我们上了生动一课。讲座互动环节,现场老师、同学积极提问,张星老师一一给予解答,专业而又富有激情的讲述折服了现场所有观众。最后,张星老师为现场的老师和积极提问的学生每人赠送了一个他自己制作的马勺脸谱挂件。

社火脸谱是从古代民间祭祀活动和歌舞活动中的"假面""涂脸"发展而来的,堪称我国最为古老的脸谱艺术之一。20世纪80年代,陕西省宝鸡市陈仓区一些民间艺人对社火脸谱作了大胆创新,制作出陈仓区独有的"马勺脸谱"。马勺脸谱主要画在民间喂马用的舀水和装粮的工具——木马勺(又叫水瓢)之上,古人用之喂马故得其名。马勺的形状为椭圆开,与人面相似,所以在绘制社火脸谱时可以放开手脚,任意发挥,使其气质更加自由,更加夸张,并且特别质朴,既有浪漫色彩,又有生活气息。自古以来人们都喜欢把它挂在室内外"驱邪迎祥",一直延续至今,成为陕西省一大民俗。宝鸡社火马勺脸谱多采用鲜艳的颜色,利用图案线条的间隔、穿插,使这些色彩巧妙地组合分布,构成了一幅幅古朴典雅,绚丽多彩,既夸张神秘精灵古怪,又具生活气息和浪漫色彩的精美脸谱图案。用日月纹、火纹、旋涡纹、蛙纹等纹饰的不同组合表现人物的性格,以色彩辩识人物的忠、奸、善、恶,宝鸡社火脸谱以它悠久的历史,神秘、深厚的文化内涵,声势浩大的场面,受到了学术界的广泛关注,成为陕西省春节期间民俗活动的最亮点。

案例:优秀校友何小虎做客"文化大讲堂"

6月29日下午,首批"西安工匠"、西安航天发动机厂技工何小虎校友做客"文化大讲堂",为机械工程学院近200名师生作了题为"一名青年工匠的成长历程"的专题讲座。本次讲座由陕西工院就业指导处主办,机械工程学院承办,机械学院学工办主任徐军纪主持。

报告中,何小虎校友结合自己多年来的工作经验,从个人介绍、学生时代的自己、参加工作后的感悟、现在的我、对明天的规划五个方面内容进行讲述,内容真实、生动有趣(见图8-52)。

图8-52 优秀校友何小虎做客"文化大讲堂"

何小虎通过对自身经历的讲述,让同学们更加深刻地体会到从一名学生如何走向工作岗位,如何从最开始的懵懵懂懂到逐渐适应工作环境,再到在机械行业中做出突出成绩。这些经历是在课堂上学不到的,通过了解,大家对自己的认识都有了很大的提升,为今后的学习指明了方向,对日后找工作提供了帮助,也开拓了学生的视野,让学生们受益匪浅。

何小虎,毕业于陕西工院机械工程学院机械制造与自动化专业。2010年进入西安航天发动机厂35车间工作至今。参加工作以来,他曾荣获"中国大能手"数控组合项目全国第六名、入选首批"西安工匠"等荣誉。

案例:传智播客高级就业规划师裴丽做客陕西工院"文化大讲堂"

2017年10月10日下午,传智播客高级就业规划师裴丽做客陕西工院"文化大讲堂",为信息工程学院300余名师生作了题为"含泪播种的人一定能含笑收获"的专题讲座(见图8-53)。

图8-53 传智播客高级就业规划师裴丽做客陕西工院"文化大讲堂"

裴丽老师首先从城市规模对计算机行业的招聘形势、薪资进行了分析,详细介绍了计算机类专业面试的流程和各面试阶段的注意事项,然后结合简历书写、面试考察点及注意事项等为同学们如何求职上了宝贵的一课。

裴丽,CCDM中国职业规划师,高级心理咨询师,高校就业指导顾问,毕业于陕西师范大学,目前任传智播客高级就业规划师,从事职业规划工作近10年(截至2017年),指导过1 500多位高校学生就业,上岗人员达到98%,其中有百名同学顺利进入腾讯、阿里巴巴、华为、路透社、中国财经、前程无忧、城打游戏等中国上市公司。

案例:化纺服装学院举办混合所有制现代学徒人才培养专家讲座

10月13日,陕西工院化工与纺织服装学院举办混合所有制现代学徒人才培养专家讲座,邀请"工业清洗101平台"联合创始人张学发、张立新、宋景超、刘辉等人为该学院400余名师生作专题报告。化纺服学院党总支书记贾格维、院长赵明威及相关专业教师聆听了讲座(见图8-54)。

讲座上,张学发、张立新、宋景超三位老师分别围绕"工业清洗行业的现在与未来""告诉你一个成为工业清洗项目经理人的最短途径"和"366行工业清洗——天生我才必有用"的主题展开,三人以不同的风格、不同的报告方式,分别从理论知识、社会实践、技术研发、人才培养、创新创业、机遇挑战等方面详细介绍了工业清洗行业的发展。讲座持续两个多小时,与会师生全程都表现出了极大的兴趣。

图 8-54 化纺服装学院举办混合所有制现代学徒人才培养专家讲座

张学发、张立新、宋景超、刘辉,均为"工业清洗 101 平台"联合创始人。工业清洗 101 平台是运用互联网社群组合思维,由 101 家专业工业清洗公司组成的企业联盟,目前加盟企业已经拓展到 360 余家,联盟内拥有国内数十位行业专家,是中国清洗行业的主力军。

案例:化工专业学生参加企业出资的项目培训

基于化工与纺织服装学院与工业清洗 101 平台及中国锅炉水处理协会共同探索"混合所有制"建设的相关前期工作,11 月 28 日,由工业清洗 101 平台企业代表资助,应用化工技术 1601 班李成、杨旭两名同学参加了由中国锅炉水处理协会主办的清洗项目负责人培训,并顺利结业。

他们主要接受了项目管理知识、锅炉化学清洗、工业设备化学清洗、高压水射流清洗等专业培训,了解了相关法规标准、行业要求和工艺流程,并拿到了相应的培训证书。本次培训,标志着陕西工院联合行业企业进行"混合所有制"探索又迈出了坚实的一步。

案例:鲁班软件副总经理张洪军做客"文化大讲堂"

2017 年 12 月 15 日上午,上海鲁班软件股份有限公司副总张洪军做客陕西工院"文化大讲堂",为工院师生作了题为"基于 BIM 技术项目全过程协同与管理"的精彩讲座(见图 8-55)。本次活动由陕西工院校企合作处主办,土木工程学院承办,土木工程学院总支书记何克祥主持,土木工程学院部分教师和 300 多名学生到场听讲。

讲座中,张洪军副总经理从 BIM 的起源与技术、基于 BIM 建造阶段项目协同管理、基于 BIM 虚拟建造教学实训解决方案、全国 BIM 应用技能等级考评、BIM 毕业设计等五个方面深入浅出地进行了讲解。讲座从专业方面带给大家极大的信息容量,使大家开阔了眼界,明确了专业的努力方向,激发了学习兴趣。

何克祥在总结时希望广大学生能够重视 BIM 这一未来建筑业的基础技术,掌握新技术,学习新技能,为以后的就业打好基础,为祖国建设贡献力量。

张洪军,上海鲁班软件股份有限公司副总经理兼院校事业部总经理,中国建设教学协会 BIM 专家委员会委员,中国建筑学会工程管理研究分会 BIM 专业委员会理事,《全国 BIM 应用技能考评大纲》编委。

图 8-55　鲁班软件副总经理张洪军做客"文化大讲堂"

案例：化工与纺织服装学院创新创业项目入驻咸阳市高新区筑梦创享空间

2017年11月13日，由陕西工院化工与纺织服装学院青年教师王晶、秦辉带领学生创立的小雅芳斋传统文化新媒体平台正式入驻咸阳市高新区筑梦创享空间（图8-56）。

图 8-56　化工与纺织服装学院创新创业项目入驻咸阳市高新区筑梦创享空间

小雅芳斋传统文化新媒体平台立足于弘扬传统文化，采取线上公众号推广、线下实体体验相结合的方式，既可以为消费者提供专业的传统文化产品设计，也是一个消费者了解传统文化、服饰的窗口。该项目曾在2017年陕西省第三届"互联网＋"大学生创新创业大赛中荣获三等奖。此次项目入驻，为学生在创新创业方面提供了新的平台，提高了大学生的实践能力，增强了学生面对问题不断改进、不断创新的精神品质。

据悉，咸阳市高新区筑梦创享空间是高新区首个推进大众创新创业的平台，采用"孵化＋创投"的孵化模式，吸收了大批大学生创业人员、科技人员、企业员工、海归人员等入驻。

案例：台达集团 MS 厂区厂长顾彩利做客"文化大讲堂"

2018年3月21日下午，台达集团中达电子（江苏）有限公司 MS 厂区厂长顾彩利做客"文化大讲堂"，为陕西工院数控工程学院400多名师生作了题为"智能制造与就业方向"的专题讲座(见图8-57)。此次讲座由陕西工院校企合作处主办,数控工程学院承办。

图8-57 台达集团MS厂区厂长顾彩利做客"文化大讲堂"

讲座中,顾厂长从智能制造和未来就业发展趋势两个方面,运用丰富翔实的图文资料,结合众多案例,通过与学生的互动交流,详细地剖析了工业4.0、智能制造和智能化未来的发展趋势。在对学生的就业指导中,他还指出迎接"中国制造2025",制造业的转型不拒绝任何人,学习能力和团队合作能力是未来企业人才需求的重点。此次讲座坚定了学生学习本专业的信心,开拓学生的视野,帮助学生明确了就业方向。

案例:陕西工院优秀校友刘永杰做客校友大讲堂

2018年5月4日下午,陕西工院优秀校友、焊接专业2012届毕业生刘永杰做客校友大讲堂,作了题为"现代工匠是怎么锻造的"的专题报告(见图8-58)。报告会由陕西工院就业指导处主办、材料工程学院承办,材料工程学院200余名师生聆听了报告。

图8-58 陕西工院优秀校友刘永杰做客校友大讲堂

在报告中,刘永杰结合自己的成长经历,围绕"什么是现代工匠""工匠精神的内涵是什么""如何培育工匠精神和劳模精神""如何成为现代工匠"等四个方面进行了剖析,并紧密结合具体案例对弘扬工匠精神进行了深入浅出的讲解。刘永杰表示,身为工院的一份子,要热爱自己的专业,专注于所学知识,把平凡的事做到极致;要勇于创新求变;要树立榜样;要以技能训练为核心。最后,刘永杰与现场师生进行了互动,受到师生高度赞赏,多次以热烈的掌声表示感谢。

刘永杰,陕西工院材料工程学院2012届焊接专业毕业生,现为上海宝世威石油钢管制造有限公司企办主管,连续三年被公司评为"先进工作者""优秀党务工作者""优秀共产党员""管理能手""办公室先进个人"等。

案例:陕西工院优秀校友王创做客校友大讲堂

2018年5月10日下午,陕西工院优秀校友、材料成型与控制技术2013届毕业生王创做客校友大讲堂,作了题为"我的3D打印创客之路"的专题报告,分享了他的心路历程和创业故事(见图8-59)。本次报告会由就业指导处主办、材料工程学院承办,材料工程学院200余名师生聆听了报告。

图8-59 陕西工院优秀校友王创做客校友大讲堂

在报告中,王创结合自己3D打印创新创业的经历,分享了如何从"普通学生"逆袭为"创业达人"的经验。王创首先风趣幽默地讲述了自己忙碌的大学生活,建议学弟学妹们要坚持自己的兴趣,开放自己的思维,设计自己的作品,敢于付诸实践。其次,他从创业团队的组建、创业资金的运作、创业能力的培养和创业心态的塑造等方面进行了深入浅出的讲解。最后,王创就学弟学妹们关注的问题一一进行解答,精彩的回答博得现场热烈掌声,并表示愿意为母校的学弟学妹搭建创业平台。王创的成功不但阐释了一个白手起家的励志故事,更激励着莘莘学子培养勇敢创业、自强不息的进取精神。

王创,陕西工院材料工程学院2013届材料成型与控制技术专业毕业生,现担任西安黑马电子科技有限公司大客户部客户经理(教育行业方向),主要负责3D打印产品销售,单位在用户端机房整体解决方案,投标文件的编写等工作。

案例:机械工程学院邀请著名职业经理人徐文叶女士做客文化大讲堂

为提高在校学生的就业积极性,加快个人职业规划的制定,6月14日下午,陕西工院机械工程学院特邀著名职业经理人、无锡深南电路有限公司人事部经理徐文叶女士做客"文化大讲堂",作了题为"职业规划从现在做起"的就业指导讲座,全校400余名师生共同聆听了讲座(见

图8-60)。

图8-60　机械工程学院邀请著名职业经理人徐文叶女士做客文化大讲堂

在讲座中,徐文叶经理首先系统分析了近年来全国大学生就业的整体情况,让同学们深刻认识就业的压力和挑战,了解职业生涯规划的重要性和迫切性;随后,她分享了作为企业人事主管在招聘中的具体流程,从企业需要什么样的人、怎样招聘、如何培养等多个方面对企业的招聘制度作了介绍,让同学们更加直观地了解企业的招聘现状,做好应聘准备;最后,她对无锡深南电路有限公司进行了宣讲,使同学们系统地了解了深南电路,并对国家当前科技发展的方向和目标进行了讲解。会后,徐经理还与部分学生进行了面对面的交流。

案例:陕西工院优秀校友张杭做客文化大讲堂

2018年9月11日下午,陕西工院优秀校友、工商管理专业9902班毕业生张杭做客文化大讲堂,作了题为"勤于学习、善于合作,在新时代的广阔天地大展作为"的专题报告(见图8-61)。本次报告会由陕西工院就业指导处主办,工商管理学院承办,工商管理学院党总支书记孙继龙主持,400余名学生聆听了报告。

图8-61　陕西工院优秀校友张杭做客文化大讲堂

报告中,张杭校友以一位学长的身份,结合自身的在校学习、工作经历,与同学们分享了自己的成长经历和宝贵经验。他从校园、职场、社会、礼仪、感悟等五个方面对在校的学弟学妹提出了殷切希望,希望同学们走进校园可以仰望星空、脚踏实地;进入职场要爱岗敬业、合作共赢;步入社会要真诚交流、广交朋友;在商务礼仪方面要尊重自己、敬重他人;面对生活要感悟幸福,学会快乐工作、快乐生活。张杭的精彩讲座博得了在场同学们的热烈掌声。在报告的最后,他对母校以及在校师生表达了衷心的祝愿和美好的祝福。

张杭,陕西工院工商管理专业9902班学生,在校期间曾任陕西省学联副主席、院团委常委、学生会主席,现任中交二公局第五工程有限公司董事会办公室主任、总经理办公室主任,曾获"陕西省交通系统青年岗位能手""陕西省交通运输厅优秀团干部""中交二公局优秀党务工作者""中交二公局五公司劳动模范"等荣誉称号。

案例:陕西工院毕业生何小虎入选2018年陕西省高校大学毕业生建功立业先进事迹报告团

2018年5月,陕西省委高教工委、陕西省教育厅联合团省委组织开展2018年陕西省高校大学毕业生建功立业先进事迹报告活动,陕西工院优秀毕业生何小虎同志入选由16名优秀毕业生组成的先进事迹报告团。陕西工院的专场报告会及访谈分享活动于23日下午在学校学术会堂举行。

何小虎,男,陕西延安人,全国技术能手、陕西省技术能手、陕西省国防工业十大技术能手、陕西省带徒名师、首批"西安工匠"(见图8-62)。2010年毕业于陕西工院机械制造与自动化专业,当年以优异成绩进入中国航天科技集团公司第六研究院西安航天发动机有限公司工作。他从一名普通车工做起,先后荣获公司、集团、省级、国家级技能大赛荣誉50多项,并在工作中解决多项重大科研生产难题,为公司年均节约成本100余万元。

图8-62 陕西工院优秀毕业生何小虎

案例:2017年暑期企业调研总结交流及考评会举行

2017年10月19日下午,陕西工院2017年暑期企业调研总结交流及考评会在学院精艺楼举行,各二级学院党总支书记、学工办主任、校企合作处全体人员参加了会议。学院宣传部、教务处、学生处、团委、思政部、校企处相关人员组成评审组,会议由校企合作处处长卢文澈主持(见图8-63)。

图 8-63　2017 年暑期企业调研总结交流及考评会现场

会上,卢文澈同志首先总结了 2017 年暑期企业调研工作。各二级学院依次对暑期企业调研工作,从调研思路及活动安排、调研过程及完成的任务、调研数据及统计分析、发现的问题及对策提出、调研成果等几个方面进行了汇报。经过评委们的综合评分,机械、数控、物流和电气 4 个学院获评"优秀调研团队"。

2017 年暑期企业调研,由陕西工院领导,校企合作处、二级学院的相关负责人,以及部分专职教师共 94 人组成 35 个调研组,分别走访了陕西全省以及北京、上海、江苏、浙江、四川、湖北、宁夏、内蒙古等地区的 211 家企业,回访毕业生 1 027 人,开拓新单位 112 家,收集优秀毕业生事迹材料 147 份、毕业生创业案例 31 个。调研数据显示,用人单位对陕西工院学生的综合能力给予了广泛赞誉,毕业生对陕西工院教育教学、就业指导服务等方面的满意率达到 96% 以上,涌现出许多在工作岗位上取得突出成绩的优秀毕业生,就业质量较往年有所提高。与此同时,用人单位和毕业生对陕西工院的教育、教学工作提出了很多中肯的建议,对陕西工院暑期企业调研和毕业生回访活动给予了高度评价。

案例:陕西工院召开 2018 年暑期企业调研总结交流及考评会

2018 年 9 月 13 日下午,陕西工院 2018 年暑期企业调研总结交流及考评会在学院崇文楼第一会议室召开(见图 8-64),各二级学院党总支书记、学工办主任、校企合作处全体人员参加了会议。会议由校企合作处处长卢文澈主持。考评组由学院宣传部、教务处、学生处、团委、思政部、校企合作处相关人员组成。会议由校企合作处处长卢文澈主持。

图 8-64　陕西工院召开 2018 年暑期企业调研总结交流及考评会

会上,校企合作处副处长王化冰对学院2018年暑期企业调研工作作了总结报告。各二级学院负责人依次对本学院暑期企业调研工作,从调研思路及活动安排、调研过程及完成的任务、调研数据及统计分析、发现的问题及对策提出、调研成果等几个方面作了汇报。评委们认真听取了各学院的汇报,严格按照考核指标体系进行了综合评分,最终评选出了物流管理学院、信息工程学院、数控工程学院、电气工程学院四个"优秀调研团队"。

本次调研活动,由陕西工院领导,校企合作处、学生处、思政部、二级学院的相关负责人,以及相关辅导员、班主任、专职教师等共127人组成46个调研组,分别走访了陕西全境以及北京、上海、广东、江苏、浙江、山东、四川、湖北、宁夏、内蒙古、新疆等地区的253家企业,回访毕业生1 545人、订单班学生314人,开拓新单位143家,收集优秀毕业生事迹材料138份、毕业生创业案例38个。调研数据显示,用人单位对陕西工院学生的综合能力给予了广泛赞誉,毕业生对陕西工院教育教学、就业指导服务等方面的满意率达到96%以上,涌现出许多在工作岗位上取得突出成绩的优秀毕业生,就业质量较往年有所提高。与此同时,用人单位和毕业生对陕西工院的教育、教学工作提出了很多中肯的建议,对陕西工院暑期企业调研和毕业生回访活动给予了高度评价。

案例:陕西工院校企协同育人战略联盟2018年年会举行

6月29日,美国罗克韦尔自动化公司、日本欧姆龙(上海)有限公司、美国亿滋食品(北京)有限公司、浙江海德曼智能装备股份有限公司、陕西正泰智能电气有限公司等72家国内外知名企业齐聚陕西工院明德堂,参加陕西工院校企协同育人战略联盟2018年年会,共同谋划校企协同育人大计(见图8-65)。

图8-65 陕西工院校企协同育人战略联盟2018年年会

陕西省教育厅副厅长王紫贵、陕西省教育厅学生处副处长白莹、西咸新区沣西新城管委会招商局副局长雷超、咸阳市人才中心主任别立华、民建咸阳市委员会副主委陈延钟,陕西工院党委书记惠朝阳、院长张晓云、党委副书记兼副院长刘永亮、副院长梅创社、纪委书记康强及企业、师生代表共1100余人参加大会,院长张晓云主持会议。

陕西工院党委书记惠朝阳在致辞中代表全院师生员工,向与会的各位领导、企业代表表示欢迎,对各位领导、朋友们多年来对陕西工院的关怀和支持表示感谢。他指出,让产教融合成为产业转型升级的"助推器"、促进就业的"稳定器"、人才红利的"催化器",是当前发展现代职业教育的重中之重,也是我国高职院校更好地学习党的十九大精神、贯彻国务院办公厅《关于深化产教融合若干意见》的重要课题,更是有效践行现代职业教育理念和扎实推进陕西追赶超越总体要求的关键举措。

在介绍学院近年来在深化产教融合,推进校企协同育人等方面所做的探索和取得的成绩后,他表示,本次会议既是对以往校企合作的充分肯定和全面总结,也开启了2018年进一步深化合作,共同发展的新征程,让我们共同携手,持续完善"联盟"的"供需匹配、联动跟进、精准培养、协同育人"新机制,积极进取,开拓创新,团结协作,合作共赢,不断开创校企合作、产教融合的新局面。

联盟副主席、陕西工院党委副书记、副院长刘永亮以"行企校携手筑路搭桥,德技才并重融通育人"为题,分"设计者:问题导向——校企携手绘蓝图""实践者:栉风沐雨——辛勤耕耘结硕果"和"预言者:协同育人——砥砺奋进谱新篇"三个部分对校企协同育人联盟2017年工作进行了回顾。他指出,联盟成立一年来,通过搭建平台、强化基础,项目引导、携手推进,订单培养、合作育人,内涵建设、互为所用,对接对话、资源拓展,评优激励、成效凸显等,取得了丰硕的成果。2018年,联盟将秉承开放、包容、大气、实在的思路,立足陕西、服务全国,切实提高职业教育人才培养质量,为我国高职教育推进校企合作之路贡献智慧和力量。

接着,与会领导为陕西工院"十大优秀毕业生"和首届"协同育人好师傅""协同育人好导师"颁奖。陕西省教育厅副厅长王紫贵发表讲话。他指出,陕西工院是陕西省高职的旗帜和领头羊,由它牵头组建的校企协同育人战略联盟,是进一步发挥政行企校多方参与、推进校企协同发展的良好平台,为陕西省高职教育与企业合作树立了标杆,发展迅速、成效明显。他希望学院当好东道主,借助联盟平台与各单位精诚合作、共话发展,携手共赢,不断壮大联盟力量,创新教育培养模式和组织形态,将教育内容向社会延伸,加快推进校企协同育人。联盟成员要加强交流、互学互鉴,为陕西省产教融合建言献策,为校企深度合作提供有益经验,努力将联盟打造成为全国校企合作的成功典范,为中国"智能制造"贡献力量。

在随后的企业捐赠及校企共建实训基地揭牌和2018年订单班集中签约仪式上,陕西工院10个二级学院分别与63家企业签订订单培养协议,共同组建订单班66个,受益学生达到2 680人。与会领导还为"校企协同育人创新创业实践基地""特种设备与工业清洗研发中心""混合所有制试点学院创新创业实训基地"和"自动化技术协同创新中心"揭牌,欧姆龙自动化(中国)有限公司、台达集团中达电子(江苏)有限公司、依凡洗衣国际连锁集团、美国罗克韦尔自动化(中国)有限公司等企业向学院捐赠了总价值2 856万元的实训设备。

联盟是由政府指导、学校主导、行业推动、企业参与的公益性、开放型的校企合作联合体。成立一年来,联盟以专业对接岗位为纽带,着力服务合作育人和企业人才战略,深入推进订单培养、联合共建、现代学徒制试点、集团化办学等工作,影响力进一步扩大。联盟现有成员企业448家,遍布全国26个省市自治区,涵盖装备制造、电子电气、工程材料、信息技术、财经商贸、公共事业、物流管理、工民建筑、纺织染化、服装艺术等十大行业门类。

附 录
基于"工匠精神"的校企合作协同育人机制的研究与实践调研报告

一、调研方法

围绕研究主题,通过调研和实证分析,采用归纳和文献研究相结合的方法,进行定性研究。参考大量国内外研究文献,开展社会调研,根据行业和区域经济发展的要求以及学院的客观条件,全面分析国内外职业教育校企合作的现状,深入剖析职业教育校企合作的瓶颈问题,形成基于"工匠精神"的校企合作协同育人典型模式;在吸收同类相关课题的理论研究成果的基础上,进行归纳总结,形成研究成果。

在整合大量资源的基础上,对比分析案例、实例特点与成功要素,采用归纳和文献研究相结合等方法,研究构建基于"工匠精神"的校企合作协同育人机制背景下陕西高等职业教育发展的新途径,制定高等职业院校具有"工匠精神"的文化育人模式,实施项目研究。

(1)分析统计法。以网络调查和问卷调查的方式,选择调查对象,通过对企业人才需求调查和省内高等职业院校人才培养机制分析,建立相关材料档案。

(2)文献法。从网络、媒体和书籍中搜集有关"工匠精神"和"校企合作协同育人"的理论,制定相应的研究方案、计划和措施,指导研究工作的实施,提炼经验理论。

(3)个案研究法。针对校企合作中的共性和个性,找出问题和不足,进而找到普遍性的问题,针对性地开展研究,在混合所有制院校建设方面开展个案研究,推广经验。

(4)行动研究法。通过开展一系列有目的、有意义的案例实践、经验交流、专家培训指导等活动,对研究内容实施研究、探索、分析、综合,归纳总结,形成预期成果,达到相应的效果。

(5)归纳演绎法。以理论研究、案例分析为依据,对课题内容采用归纳、演绎相结合的方法,对陕西省各高等职业院校的校企合作模式进行归纳总结,形成具有推广价值、较为完善的研究成果。

课题通过研究,制定形成了调查研究问卷,主要从院校、企业、学生三个方面设计调查问卷,采用不记名的方式获取较为真实、有效的调查数据,为项目的研究与开展提供帮助。

通过对企业需求人才类型从专业素质、实践技能、文化素养、创新能力、学习能力、社会交往能力、自我心理调试能力、组织合作能力等方面进行分解,研究企业需求人才具备的"工匠精神"的文化内涵,建立基于"工匠精神"的人才培养目标体系和科学规范的综合评价标准。

二、调研问卷设计

(一)依托平台

项目调研借助互联网的信息化功能,使用问卷星在线问卷调查平台。问卷星是一个专业的在线问卷调查、测评、投票平台,专注于为用户提供功能强大、人性化的在线设计问卷、采集数据、自定义报表、调查结果分析系列服务。与传统调查方式和其他调查方式相比,在线测评系统为我们提供了丰富的个性化测评设置空间,专业的功能设置直观展现了差异化的测评结果,从而搭建专属的调查问卷系统。

1.根据问卷内容构建问卷不同的维度,让系统单独计算某一维度上的总分、均分

项目组在开展项目调研时主要从社会型、调研型、实际型等多维度进行问卷设计(见图F-1),以保证调研数据的表面效度符合基于"工匠精神"的校企合作协同育人的项目研究。比如在校企合作协同育人调查问卷(企业篇)设计过程中,充分考虑了测量的目标和测量的内容要切合项目研究的基本要求,主要设计了校企之间的就业、合作、政策、服务、素质等等基本要素。

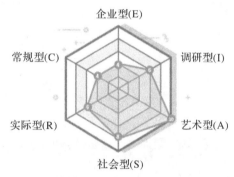

图F-1　问卷的多维度设计

2.测评结果输出

设置题目选项的分数;系统自动计算问卷总分,根据总分输出对应的测评结果(见图F-2)。为了得到有效测评结果,项目组在开展调研分析中多次调整调研提纲的布局,主要是结合设置题目选项的分数和排序以及排序的有效性,使得调查问卷符合基于"工匠精神"的校企合作协同育人的项目研究内容。

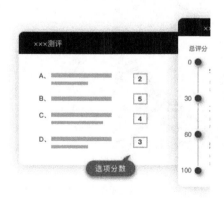

图F-2　问卷的测评结果设计

(二)问卷平台链接

(1)校企合作协同育人调查问卷(企业版)(见图 F-3),网址:https://www.wjx.cn/hj/vtzpo7weclzykcfmdg.aspx。

(a)

(b)

图 F-3 校企合作协同育人调查问卷(企业版)
(a)网络版界面;(b)手机端界面

(2)校企合作协同育人调查问卷(院校版)(见图 F-4),网址:https://www.wjx.cn/hj/lpmufwc2dealxifv7fubdq.aspx。

(a)

(b)

图 F-4　校企合作协同育人调查问卷(院校版)
(a)网络版界面;(b)手机端界面

(3)校企合作协同育人调查问卷(学生版)(见图 F-5),网址:https://www.wjx.cn/hj/pi3ylqnj2kw3giquavpfa.aspx。

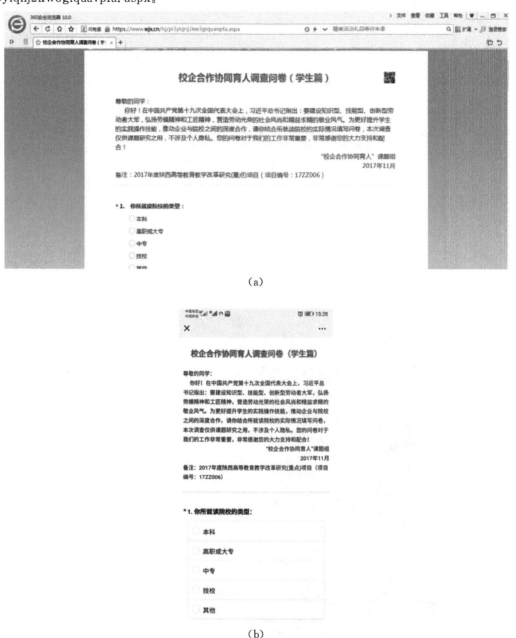

图 F-5 校企合作协同育人调查问卷(学生版)
(a)网络版界面;(b)手机端界面

(三)问卷二维码设计

校企合作协同育人调查问卷二维码如图 F-6~图 F-8 所示。

图 F-6　企业版　　　　图 F-7　院校版　　　　图 F-8　学生版

三、调查问卷模板

(一)校企合作协同育人调查问卷(企业版)

尊敬的领导：

您好！在党的第十九次全国代表大会上，习近平总书记指出：要建设知识型、技能型、创新型劳动者大军，弘扬劳模精神和工匠精神，营造劳动光荣的社会风尚和精益求精的敬业风气；同时，也指出完善职业教育和培训体系，深化产教融合、校企合作。为更好推动校企深度合作，请您结合贵企业的实际情况填写问卷。本次调查仅供课题研究之用，不涉及商业机密，也不记录您的任何个人信息。您的问卷对于我们的工作非常重要，非常感谢您的大力支持和配合！

"校企合作协同育人"课题组

2017 年 11 月

备注：2017 年度陕西高等教育教学改革研究(重点)项目(项目编号：17ZZ006)

1. 贵企业属于以下哪种性质？(单选题)
　□国有　　□集体　　□私营　　□外资　　□合作　　□其他＿＿＿＿＿＿

2. 贵企业在本行业中属于哪种规模？(单选题)
　□大型　　□中型　　□小型

3. 贵企业招聘的员工主要有哪些类型？(多选题)
　□硕士及以上毕业生　　　　□本科毕业生
　□高职或大专毕业生　　　　□中专、技校毕业生
　□有一定工作经验人员　　　□其他＿＿＿＿＿＿

4. 贵企业招聘的员工中高职、大专毕业生约占(　　)(单选题)
　□10%　　□30%　　□40%　　□50%　　□其他＿＿＿＿＿＿

5. 贵企业已经与职业院校开展以下哪些合作？(多选题)
　□共建职业教育实体(混合所有制二级学院)或产学研联合体
　□为学生提供实习机会、实习基地，配备实习指导教师
　□与学校实施订单培养
　□为教师提供实践机会，设立奖学金、奖教金
　□为学校提供先进设施和设备
　□为学校师生做专题讲座
　□与学校联合主持有关科研课题研究与技术支持
　□与学校联合科技攻关解决技术难题、技术咨询

☐委托学校提供员工培训
☐暂时没有建立合作关系

6. 您认为制约企业参与职业院校人才培养工作的积极性有哪些？（多选题）
☐政府缺乏相关政策引导、企业利益得不到保证
☐信息不对称、缺少相关信息
☐学校缺乏主动性、缺乏合作平台
☐企业无合作的强烈意愿、缺乏系统保障机制
☐职业院校培养的人才不能为企业所用
☐其他_____

7. 如果要推动企业参与职业教育，您希望政府提供以下哪些优惠政策？（多选题）
☐税费优惠
☐按实习工种给予人才培养培训及耗材经费补助
☐以奖代补，补助企业参与职业教育的教育费用
☐在宣传企业形象方面提供帮助，给予相关荣誉称号、产品采购的优先权
☐其他_____

8. 参与职业院校的人才培养，您认为企业主要担忧以下哪几个方面？（多选题）
☐学生安全　　　　　　　☐设备损耗
☐生产效益　　　　　　　☐实习劳动报酬
☐学生管理　　　　　　　☐学生工作的稳定性
☐其他_____

9. 您认为企业参与职业院校人才培养，最希望或最看重院校提供哪些服务或支持？（多选题）
☐用工优先　　　　　　　☐提升生产效益
☐解决员工培训　　　　　☐专业技术支持
☐宣传企业品牌　　　　　☐资源共享
☐其他_____

10. 您认为员工应具备的基本素质中最看重的是（最多选3个）：（多选题）
☐职业道德素养　　　　　☐精湛的专业技能
☐自主学习意识与能力　　☐积极进取
☐团队合作与沟通　　　　☐仪表举止
☐吃苦耐劳　　　　　　　☐自主创新能力
☐其他_____

11. 贵企业对目前校企合作毕业生的工作能力是否满意？（单选题）
☐非常满意　　　　　　　☐满意
☐不满意　　　　　　　　☐非常不满意

12. 您认为目前校企合作毕业生主要存在哪些问题？（多选题）
☐专业技能不强　　　　　☐不能直接上岗
☐流失率较高、做不长　　☐职业道德素养不高、缺乏爱岗敬业精神
☐人际关系处理不好，缺乏社会经验

□其他_____

13.贵单位所在省市是否出台了产教融合、校企合作方面的激励政策?(单选题)

□有　　　　　　　　　　　　　□无

14.贵单位有哪些校企合作方面的制度?(多选题)

□顶岗实习方面的制度　　　　　□学徒制方面的制度
□考评制度　　　　　　　　　　□奖励政策
□专项资金支持　　　　　　　　□教师下企业挂职锻炼方面的制度
□能工巧匠到学校挂职锻炼　　　□校企双主体办学制度
□职业教育集团化教学方面的制度

15.贵单位认为促进校企合作重要的保障是什么?请按重要顺序排列。(排序题,请在中括号内依次填入数字)

[ ]国家和地方法律法规的约束

[ ]政府行政命令

[ ]校企合作协议(合同)

[ ]校企双方的深厚友谊

[ ]政府专项经费支持

[ ]搭建校企合作管理平台

16.贵单位认为校企深度合作亟待完善哪些方面的工作?请按重要顺序排列。(排序题,请在中括号内依次填入数字)

[ ]从法律层面,加大经费支持力度,提高企业参与积极性

[ ]从法律层面,明确企业法定义务,强制和约束企业参与校企合作

[ ]尽快构建校、企、行、政各方参与的校企合作管理平台,统一协调管理

[ ]加大理念宣导,让企业充分认识参与职业教育是保障企业长足发展的基础支撑

[ ]加强企业自身的制度和机制建设

[ ]突出企业人才培养主体地位,企业办学校

(二)校企合作协同育人调查问卷(院校版)

尊敬的老师:

您好!在党的第十九次全国代表大会上,习近平总书记指出:要建设知识型、技能型、创新型劳动者大军,弘扬劳模精神和工匠精神,营造劳动光荣的社会风尚和精益求精的敬业风气;同时,也指出完善职业教育和培训体系,深化产教融合、校企合作。为更好推动校企深度合作,请您结合贵校的实际情况填写问卷。本次调查仅供课题研究之用,不涉及商业机密。您的问卷对于我们的工作非常重要,非常感谢您的大力支持和配合!

"校企合作协同育人"课题组

2017年11月

备注:2017年度陕西高等教育教学改革研究(重点)项目(项目编号:17ZZ006)

1.贵校的类型:(单选题)

□本科　　　　　　　　　　　　□高职或大专

□技校　　　　　　　　　　　　□培训机构

☐中职　　　　　　　　　　☐其他＿＿＿＿＿＿

2.贵校认为开展校企合作对院校发展的重要性:(单选题)
☐非常重要　　　　　　　　☐比较重要
☐不重要

3.贵校是否成立了校企合作指导委员会或者校企合作领导小组等专设机构？(单选题)
☐是　　　　　　　　　　　☐否

4.与贵校开展的校企合作的企业数量是:(单选题)
☐尚未开展　　　　　　　　☐1～30
☐30～60　　　　　　　　　☐60～90
☐90～150　　　　　　　　 ☐150以上

5.贵校与企业建立合作关系的渠道主要有:(多选题)
☐政府牵线搭桥　　　　　　☐合作院校推荐
☐高校主动对接　　　　　　☐企业主动对接
☐教职工个人自愿　　　　　☐职业教育集团
☐其他＿＿＿＿＿＿

6.贵校希望与企业开展哪些项目合作？(排序题,请在中括号内依次填入数字)
[ ]企业参与人才培养方案的设计与实施
[ ]共建职业教育实体(混合所有制二级学院)或产学研联合体
[ ]为学生提供实习机会、实习基地,配备实习指导教师
[ ]与学校实施订单培养
[ ]为教师提供实践机会,设立奖学金、奖教金
[ ]为学校提供先进设施和设备
[ ]为学校提供专题讲座
[ ]与学校联合主持有关科研课题研究与技术支持
[ ]委托学校提供员工培训
[ ]企业在学校建立生产性实训车间
[ ]暂时没有建立合作关系

7.如果要推动企业参与职业教育,您希望政府提供以下哪些优惠政策？(多选题)
☐税费优惠
☐出台法律法规强制实施
☐按实习工种给予人才培养培训及耗材经费补助
☐以奖代补,补助企业参与职业教育的教育费用
☐在宣传企业形象方面提供帮助,给予相关荣誉称号、产品采购的优先权
☐其他＿＿＿＿＿＿

8.院校主要通过哪些途径培养学生的"工匠精神"？(多选题)
☐岗位认知实习　　　　　　☐跟岗实习
☐顶岗实习　　　　　　　　☐订单班
☐相关课程　　　　　　　　☐文化大讲堂
☐企业兼职工程师授课　　　☐大国工匠进校园

☐学徒制 ☐其他＿＿＿＿＿＿

9.贵校更看重实习生在实习期间哪些能力的提升？（排序题,请在中括号内依次填入数字）
[ ]技术支持业务能力　　　　[ ]技术创新能力
[ ]个人岗位职业能力　　　　[ ]沟通表达与团队工作
[ ]态度与习惯　　　　　　　[ ]责任感
[ ]价值观　　　　　　　　　[ ]应用实践能力
[ ]其他＿＿＿＿＿＿

10.贵校对以下哪些校企合作的实施效果仍有不满意？（多选题）
☐教学改革　　　　　　　　☐专业设置(调整)论证
☐人才培养方案制定　　　　☐课程建设、开发与实施
☐应用研发及科研项目合作　☐校企人员双向流动
☐教学质量监控与评价　　　☐实验室(技术中心)建设
☐实践、实习基地建设　　　☐教学资源建设
☐捐资助学　　　　　　　　☐招生就业
☐其他＿＿＿＿＿＿

11.贵校对校企合作效果不满意的原因包括哪些方面？（多选题）
☐缺乏政府相应的政策引导、支持和法律规范约束
☐缺少平台对接校企需求
☐企业主动性不强
☐高校主动性不强
☐企业缺乏相应的保障、管理机制
☐高校缺乏相应的保障、管理机制
☐企业在人才储备方面没有达到预期效果
☐企业在技术转化方面没有达到预期效果
☐企业在共享学校资源方面没有达到预期效果
☐学校在提升教师、学生实践能力方面没有得到预期效果
☐学校在横向科研开展方面没有得到预期效果
☐学校在共享企业资源方面没有得到预期效果
☐其他＿＿＿＿＿＿

12.贵校认为影响校企合作长远、可持续发展的关键因素有哪些？（多选题）
☐双方意愿　　　　　　　　☐自身实力
☐沟通机制　　　　　　　　☐互惠模式
☐政府支持　　　　　　　　☐其他＿＿＿＿＿＿

13.贵校有校企合作方面的制度吗？（单选题）
☐有　　　　　　　　　　　☐无

14.贵校有哪些校企合作方面的制度？（多选题）
☐顶岗实习方面的制度　　　☐学徒制方面的制度
☐考评制度　　　　　　　　☐奖励政策
☐专项资金支持　　　　　　☐教师下企业挂职锻炼方面的制度

□能工巧匠到学校挂职锻炼　　　□校企双主体办学制度
□职业教育集团化教学方面的制度

15.您认为当前促进校企合作重要的保障是什么？（排序题，请在中括号内依次填入数字）
[ ]国家法律法规的约束　　　　[ ]政府行政命令
[ ]校企双方的协议合同　　　　[ ]校企双方的深厚友谊
[ ]政府专项经费支持　　　　　[ ]搭建校企合作管理平台

16.贵校认为调动企业深度参与校企合作积极性，亟待完善哪些方面的工作？请按重要顺序排列。（排序题，请在中括号内依次填入数字）
[ ]从法律层面，加大经费支持力度，提高企业参与积极性
[ ]从法律层面，明确企业法定义务，强制和约束企业参与校企合作
[ ]尽快构建校、企、行、政各方参与的校企合作管理平台，统一协调管理
[ ]加大理念宣导，让企业充分认识参与职业教育是保障企业长足发展的基础支撑
[ ]加强企业自身的制度和机制建设
[ ]突出企业人才培养主体地位，企业办学校

（三）校企合作协同育人调查问卷（学生版）

尊敬的同学：

你好！在党的第十九次全国代表大会上，习近平总书记指出：要建设知识型、技能型、创新型劳动者大军，弘扬劳模精神和工匠精神，营造劳动光荣的社会风尚和精益求精的敬业风气。为更好地提升学生的实践操作技能，推动企业与院校之间的深度合作，请你结合所就读院校的实际情况填写问卷。本次调查仅供课题研究之用，不涉及个人隐私。您的问卷对于我们的工作非常重要，非常感谢您的大力支持和配合！

"校企合作协同育人"课题组

2017年11月

备注：2017年度陕西高等教育教学改革研究（重点）项目（项目编号：17ZZ006）

1.你所就读院校的类型：（单选题）
□本科　　　　　　　　　　□高职或大专
□中专　　　　　　　　　　□技校
□其他_____

2.在校学习期间，学校组织的校企合作有关活动有哪些？（多选题）
□组织到企业参观学习
□邀请企业工程师、技能大师等做专题讲座
□邀请企业技术人员来校参与实践教学
□组织与专业有关的社会调查
□组织企业招聘见面会
□不清楚

3.在校学习期间，你了解所学专业对应的工作岗位及其要求吗？（单选题）
□很了解　　　　　　　　　□比较了解
□基本了解　　　　　　　　□不知道

4.在校学习期间,你对今后工作岗位的了解是通过哪些途径获取的?(多选题)
□在校期间专业学习 □学院专门组织专业教育
□企业工作人员介绍 □到企业参观实习学习
□自己调查 □其他＿＿＿＿＿＿

5.你是通过哪些途径到企业实习的?(多选题)
□学校统一安排 □自己联系的
□家长、亲戚朋友介绍 □企业来学校招聘
□其他＿＿＿＿＿＿

6.你参加过几次学校安排的企业单位实习?(单选题)
□从来没有 □一次
□二次 □三次以上

7.你在企业单位实习总共有多长时间?(单选题)
□一个月左右 □2～3个月
□一个学期 □一年时间
□一年以上

8.你在企业单位实习过程中,有没有参加岗位认知顶岗实习?(单选题)
□有,到企业直接顶岗
□有,经过企业岗位培训后顶岗
□有,但机会不多,只能偶尔顶岗操作
□基本没有

9.在企业实习过程中,有无企业师傅指导?(单选题)
□以自己动手操作为主,师傅一旁指导
□以师傅操作示范为主,自己旁观学习
□师傅基本不指导
□其他＿＿＿＿＿＿

10.你认为实习对专业学习或专业技能提高有作用吗?(单选题)
□非常有帮助 □比较有帮助
□帮助不大 □没有帮助(请写出简短说明)＿＿＿＿＿＿

11.在实习阶段,学校是怎样做的?(单选题)
□实习指导老师定期跟踪指导 □学校老师定期看望
□要求学生定期返校汇报 □实习小组长定期汇报
□其他＿＿＿＿＿＿

12.在企业实习过程中,你接受了下列哪些培训?(多选题)
□学校组织上岗前培训
□企业人员进行岗位培训
□有学校专业教师参与的企业岗位培训
□其他＿＿＿＿＿＿

13.你是由学校统一安排到企业实习的吗?(单选题)
□是的

□不是，我自己找的实习单位

14. 企业实习期间能够尽心负责地培养你吗？（单选题）

□是的，企业很负责

□是的，师傅很负责

□不是，企业对培养学生积极性不高，都是应付差事

□不是，师傅对培养学生积极性不高，都是应付差事

15. 你对企业实习期间的哪些权益保障感到满意？请按重要顺序排列。（排序题，请在中括号内依次填入数字）

[ ]学到了技术

[ ]工资有保障

[ ]为我提供了工伤保障（实习期间的意外保险等）

[ ]工作休息时间有充分的保障（每天工作8小时，每周至少有一天休息）

16. 你认为保障实习效果应该完善哪方面的工作？请按重要顺序排列。（排序题，请在中括号内依次填入数字）

[ ]签订实习协议，保障学生权益

[ ]完善考评制度，激励约束实习老师，尽职工作

[ ]采取技术比武，提高学徒的学习积极性

[ ]完善立法，提高企业参与校企合作的积极性

四、调查问卷统计与分析

（一）校企合作协同育人调查问卷分析（企业版）

本次调查问卷填写数据的有效企业共有51家。

课题调研在课题立项1个月内开展，网络调研的企业充分考虑其地域性，其中包括北京、天津、成都、上海、江苏、渭南、西安、宝鸡等10余个城市的企业（见表F-1）。做到了调研数据的有效性。

表F-1 参与调查的部分有效企业概况

序号	提高答卷时间	所用时间	来源	来源详情	IP来源
1	2017/11/19 11:59:46	359秒	手机提交	微信	天津
2	2017/11/19 12:02:20	630秒	手机提交	微信	四川(成都)
3	2017/11/19 12:02:47	263秒	手机提交	微信	上海
4	2017/11/19 12:03:21	207秒	手机提交	微信	江苏
5	2017/11/19 12:15:45	358秒	手机提交	微信	上海
6	2017/11/19 12:24:54	396秒	手机提交	微信	陕西(未知)
7	2017/11/19 12:25:00	286秒	手机提交	微信	陕西(渭南)
8	2017/11/19 12:46:21	470秒	手机提交	微信	陕西(西安)
9	2017/11/23 7:06:45	419秒	手机提交	微信	陕西(咸阳)
10	2017/11/23 17:18:14	291秒	手机提交	微信	陕西(未知)

第 1 题 贵企业属于以下哪种性质？（单选题）
调查的有效数据见表 F-2，如图 F-9 所示。

表 F-2 第 1 题有效数据统计表

选　项	小计	比　例
国有	17	33.33%
集体	1	1.96%
私营	27	52.94%
外资	2	3.92%
合作	0	0%
其他	4	7.84%
本题有效填写人次	51	

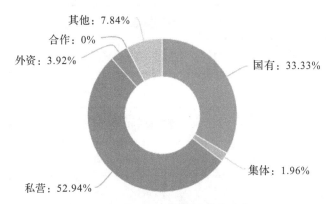

图 F-9 第 1 题有效数据统计分布图

第 2 题 贵企业在本行业中属于哪种规模？（单选题）
调查的有效数据见表 F-3，如图 F-10 所示。

表 F-3 第 2 题有效数据统计表

选　项	小计	比　例
大型	20	39.22%
中型	15	29.41%
小型	16	31.37%
本题有效填写人次	51	

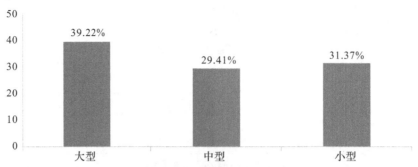

图 F-10 第 2 题有效数据统计分布图

第 3 题 贵企业招聘的员工主要有哪些类型？（多选题）

调查的有效数据见表 F-4，如图 F-11 所示。

表 F-4 第 3 题有效数据统计表

选项	小计	比例
硕士及以上毕业生	19	37.25%
本科毕业生	33	64.71%
高职或大专毕业生	17	33.33%
中专、技校毕业生	2	3.92%
有一定工作经验人员	12	23.53%
其他	0	0%
本题有效填写人次	51	

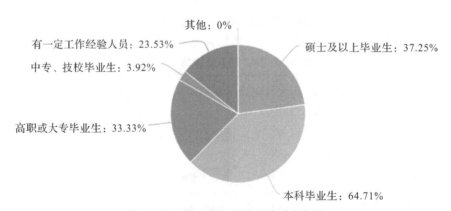

图 F-11 第 3 题有效数据统计分布图

第 4 题 在贵企业招聘的员工中高职、大专毕业生约占（ ）。（单选题）

调查的有效数据见表 F-5，如图 F-12 所示。

表 F-5 第 4 题有效数据统计表

选项	小计	比例
10%	16	31.37%
30%	14	27.45%
40%	4	7.84%
50%	10	19.61%
其他	7	13.73%
本题有效填写人次	51	

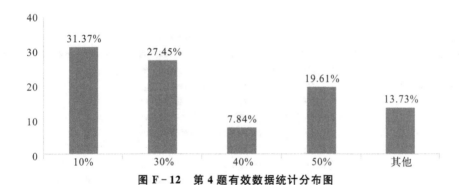

图 F-12 第 4 题有效数据统计分布图

第 5 题 贵企业已经与职业院校开展了以下哪些合作？（多选题）

调查的有效数据见表 F-6，如图 F-13 所示。

表 F-6 第 5 题有效数据统计表

选项	小计	比例
共建职业教育实体（混合所有制二级学院）或产学研联合体	12	23.53%
为学生提供实习机会、实习基地，配备实习指导教师	21	41.18%
与学校实施订单培养	12	23.53%
为教师提供实践机会，设立奖学金、奖教金	8	15.69%
为学校提供先进设施和设备	7	13.73%
为学校师生做专题讲座	11	21.57%

续　表

选　项	小计	比　例
与学校联合主持有关科研课题研究与技术支持	12	23.53%
与学校联合科技攻关解决技术难题、技术咨询	13	25.49%
委托学校提供员工培训	8	15.69%
暂时没有建立合作关系	20	39.22%
本题有效填写人次	51	

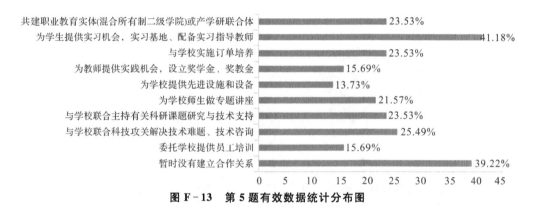

图 F-13　第 5 题有效数据统计分布图

第 6 题　您认为制约企业参与职业院校人才培养工作的积极性有哪些？（多选题）调查的有效数据见表 F-7，如图 F-14 所示。

表 F-7　第 6 题有效数据统计表

选　项	小计	比　例
政府缺乏相关政策引导、企业利益得不到保证	27	52.94%
信息不对称、缺少相关信息	23	45.1%
学校缺乏主动性、缺乏合作平台	16	31.37%
企业无合作的强烈意愿、缺乏系统保障机制	12	23.53%
其他	4	7.84%
职业院校培养的人才不能为企业所用	5	9.8%

续 表

选 项	小计	比 例
本题有效填写人次	51	

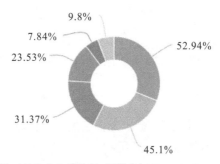

图 F-14 第6题有效数据统计分布图

第7题 如果要推动企业参与职业教育,您希望政府提供以下哪些优惠政策?(多选题)调查的有效数据见表F-8,如图F-15所示。

表 F-8 第7题有效数据统计表

选 项	小计	比 例
税费优惠	25	49.02%
按实习工种给予人才培养培训及耗材经费补助	30	58.82%
以奖代补,补助企业参与职业教育的教育费用	29	56.86%
宣传企业形象方面提供帮助,给予相关荣誉称号、产品采购的优先权	29	56.86%
其他	2	3.92%
本题有效填写人次	51	

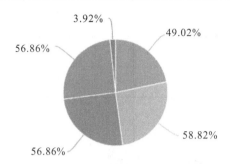

■ 税费优惠　■ 按实习工种给予人才培养培训及耗材经费补助
■ 宣传企业形象方面提供帮助，给予相关荣誉称号、产品采购的优先权
■ 以奖代补，补助企业参与职业教育的教育费用　■ 其他

图 F-15　第 7 题有效数据统计分布图

第 8 题　参与职业院校的人才培养,您认为企业主要担忧以下哪几个方面？（多选题）调查的有效数据见表 F-9，如图 F-16 所示。

表 F-9　第 8 题有效数据统计表

选项	小计	比例
学生安全	26	50.98%
设备损耗	6	11.76%
生产效益	20	39.22%
实习劳动报酬	12	23.53%
学生管理	15	29.41%
学生工作的稳定性	33	64.71%
其他	2	3.92%
本题有效填写人次	51	

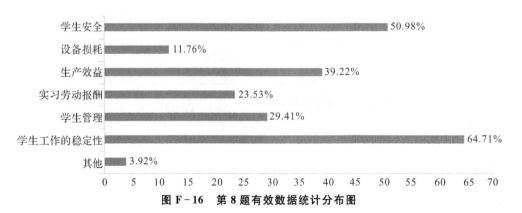

图 F-16　第 8 题有效数据统计分布图

第 9 题　您认为企业参与职业院校人才培养,最希望或最看重院校提供哪些服务或支持？（多选题）

调查的有效数据见表 F-10,如图 F-17 所示。

表 F-10　第 9 题有效数据统计表

选　项	小计	比　例	
用工优先	12		23.53%
提升生产效益	17		33.33%
解决员工培训	18		35.29%
专业技术支持	31		60.78%
宣传企业品牌	12		23.53%
资源共享	29		56.86%
其他	3		5.88%
本题有效填写人次	51		

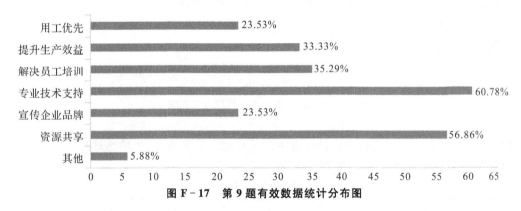

图 F-17　第 9 题有效数据统计分布图

第 10 题　您认为员工应具备的基本素质中最看重的是(最多选 3 个):(多选题)
调查的有效数据见表 F-11,如图 F-18 所示。

表 F-11　第 10 题有效数据统计表

选　项	小计	比　例	
职业道德素养	35		68.63%
精湛的专业技能	25		49.02%
自主学习意识与能力	28		54.90%
积极进取	17		33.33%

续 表

选 项	小计	比 例
团队合作与沟通	30	58.82%
仪表举止	3	5.88%
吃苦耐劳	6	11.76%
自主创新能力	9	17.65%
其他	0	0%
本题有效填写人次	51	

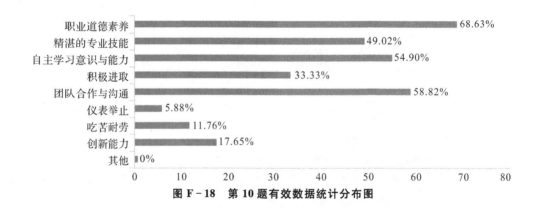

图 F-18　第 10 题有效数据统计分布图

第 11 题　贵企业对目前校企合作毕业生的工作能力是否满意？（单选题）

调查的有效数据见表 F-12，如图 F-19 所示。

表 F-12　第 11 题有效数据统计表

选 项	小计	比 例
非常满意	3	5.88%
满意	42	82.35%
不满意	5	9.80%
非常不满意	1	1.96%
本题有效填写人次	51	

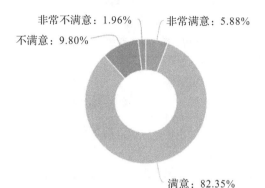

图 F-19　第 11 题有效数据统计分布图

第 12 题　您认为目前校企合作毕业生主要存在哪些问题？（多选题）

调查的有效数据见表 F-13,如图 F-20 所示。

表 F-13　第 12 题有效数据统计表

选　项	小计	比　例
专业技能不强	25	49.02%
不能直接上岗	23	45.10%
流失率较高、做不长	33	64.71%
职业道德素养不高、缺乏爱岗敬业精神	19	37.25%
人际关系处理不好,缺乏社会经验	8	15.69%
其他	2	3.92%
本题有效填写人次	51	

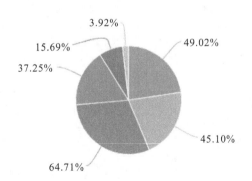

图 F-20　第 12 题有效数据统计分布图

第 13 题 贵单位所在省市是否出台了产教融合、校企合作方面的激励政策？（单选题）

调查的有效数据见表 F-14，如图 F-21 所示。

表 F-14　第 12 题有效数据统计表

选　项	小计	比　例
有	23	46.94%
无	26	53.06%
本题有效填写人次	49	

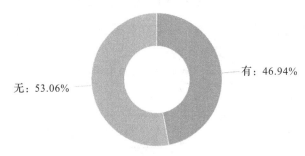

图 F-21　第 13 题有效数据统计分布图

第 14 题 贵单位有哪些校企合作方面的制度？（多选题）

调查的有效数据见表 F-15，如图 F-22 所示。

表 F-15　第 14 题有效数据统计表

选　项	小计	比　例
顶岗实习方面的制度	14	27.45%
学徒制方面的制度	17	33.33%
考评制度	19	37.25%
奖励政策	17	33.33%
专项资金支持	3	5.88%
教师下企业挂职锻炼方面的制度	6	11.76%
能工巧匠到学校挂职锻炼	2	3.92%
校企双主体办学制度	9	17.65%
职业教育集团化教学方面的制度	1	1.96%
本题有效填写人次	51	

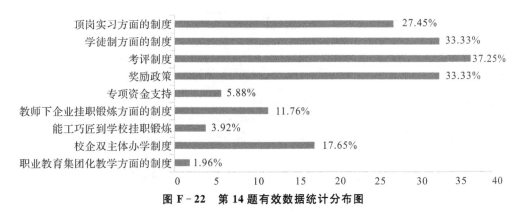

图 F-22 第 14 题有效数据统计分布图

第 15 题 贵单位认为促进校企合作重要的保障是什么？请按重要顺序排列。（排序题）调查的有效数据见表 F-16，如图 F-23 所示。

表 F-16 第 15 题有效数据统计表

选项	平均综合得分/分
搭建校企合作管理平台	3.37
国家和地方法律法规的约束	3.22
校企合作协议（合同）	3.18
政府专项经费支持	2.73
政府行政命令	1.98
校企双方的深厚友谊	1.41

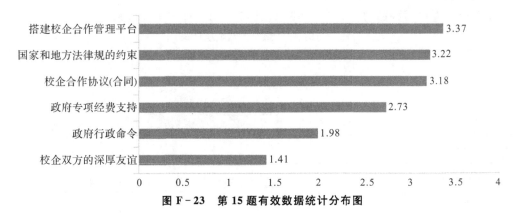

图 F-23 第 15 题有效数据统计分布图

第 16 题 贵单位认为校企深度合作亟待完善哪些方面的工作？请按重要顺序排列。（排序题）

调查的有效数据见表 F-17，如图 F-24 所示。

表 F-17 第 16 题有效数据统计表

选 项	平均综合得分/分
尽快构建校、企、行、政各方参与的校企合作管理平台,统一协调管理	4.04
从法律层面,加大经费支持力度,提高企业参与积极性	3.73
从法律层面,明确企业法定义务,强制和约束企业参与校企合作	2.76
加大理念宣导,让企业充分认识参与职业教育是保障企业长足发展的基础支撑	2.31
加强企业自身的制度和机制建设	1.78
突出企业人才培养主体地位,企业办学校	1.47

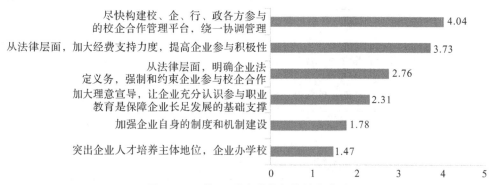

图 F-24 第 16 题有效数据统计分布图

(二)校企合作协同育人调查问卷分析(院校版)

第 1 题 贵校的类型:(单选题)

本次调查问卷填写数据的有效院校 62 家,见表 F-18,如图 F-25 所示。

表 F-18 第 1 题有效数据统计表

选 项	小计	比 例
本科	4	6.45%
高职或大专	45	72.58%
技校	8	12.90%
培训机构	0	0%
中职	0	0%
其他	5	8.06%
本题有效填写人次	62	

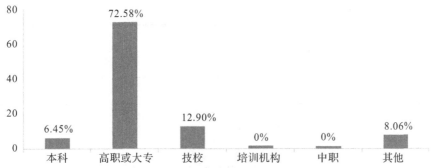

图 F-25 第 1 题有效数据统计分布图

第 2 题 贵校认为开展校企合作对院校发展的重要性：(单选题)
调查的有效数据见表 F-19，如图 F-26 所示。

表 F-19 第 2 题有效数据统计表

选 项	小计	比 例
比较重要	49	12.9%
非常重要	13	87.1%
不重要	62	

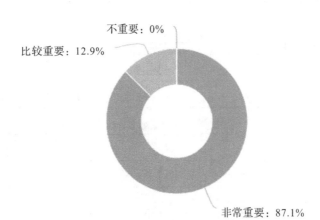

图 F-26 第 2 题有效数据统计分布图

第 3 题 贵校是否成立了校企合作指导委员会或者校企合作领导小组等专设机构？（单选题）
调查的有效数据见表 F-20，如图 F-27 所示。

表 F-20 第 3 题有效数据统计表

选 项	小计	比 例
是	49	79.03%

续 表

选 项	小计	比 例
否	13	20.97%
本题有效填写人次	62	

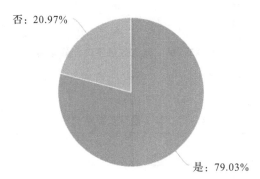

图 F-27　第 3 题有效数据统计分布图

第 4 题　与贵校开展的校企合作的企业数量是：(单选题)
调查的有效数据见表 F-21,如图 F-28 所示。

表 F-21　第 4 题有效数据统计表

选 项	小计	比 例
尚未开展	1	1.61%
1—30	31	50.00%
30—60	5	8.06%
60—90	5	8.06%
90—150	7	11.29%
150 以上	13	20.97%
本题有效填写人次	62	

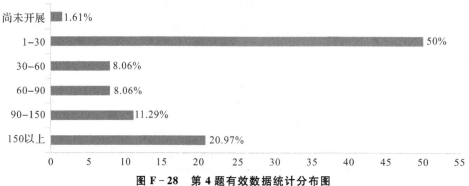

图 F-28　第 4 题有效数据统计分布图

第5题 贵校与企业建立合作关系的渠道主要有:(多选题)

调查的有效数据见表F-22,如图F-29所示。

表F-22 第5题有效数据统计表

选 项	小计	比 例
政府牵线搭桥	34	54.84%
合作院校推荐	28	45.16%
高校主动对接	46	74.19%
企业主动对接	45	72.58%
教职工个人自愿	20	32.26%
职业教育集团	7	11.29%
其他	5	8.06%
本题有效填写人次	62	

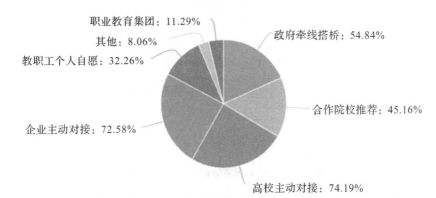

图F-29 第5题有效数据统计分布图

第6题 贵校希望与企业开展哪些项目合作?(排序题)

调查的有效数据见表F-23,如图F-30所示。

表F-23 第6题有效数据统计表

选 项	平均综合得分/分
企业参与人才培养方案的设计与实施	8.23
为学生提供实习机会、实习基地,配备实习指导教师	8.06
共建职业教育实体(混合所有制二级学院)或产学研联合体	6.48
与学校实施订单培养	5.87

续表

选项	平均综合得分/分
为教师提供实践机会,设立奖学金、奖教金	5.76
与学校联合主持有关科研课题研究与技术支持	3.73
为学校提供先进设施和设备	3.66
为学校提供专题讲座	2.97
企业在学校建立生产性实训车间	2.31
委托学校提供员工培训	1.98
暂时没有建立合作关系	0.13

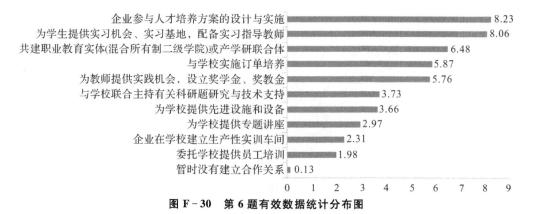

图 F-30 第 6 题有效数据统计分布图

第 7 题 如果要推动企业参与职业教育,您希望政府提供以下哪些优惠政策?(多选题)调查的有效数据见表 F-24,如图 F-31 所示。

表 F-24 第 7 题有效数据统计表

选项	小计	比例
税费优惠	42	67.74%
出台法律法规强制实施	36	58.06%
按实习工种给予人才培养培训及耗材经费补助	50	80.65%
以奖代补,补助企业参与职业教育的教育费用	49	79.03%

续表

选项	小计	比例
在宣传企业形象方面提供帮助,给予相关荣誉称号、产品采购的优先权	19	30.65%
其他	1	1.61%
本题有效填写人次	62	

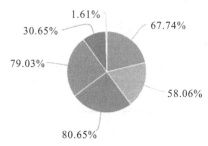

■ 税费优惠 ■ 出台法律法则强制实施 ■ 按实习工种给予人才培养培训及耗材经费补助
■ 以奖代补,补助企业参与职业教育的教育费用 ■ 其他
■ 宣传企业形象方面提供帮助,给予相关荣誉称号、产品采购的优先权

图 F-31　第 7 题有效数据统计分布图

第 8 题　院校主要通过哪些途径培养学生的"工匠精神"?(多选题)

调查的有效数据见表 F-25,如图 F-32 所示。

表 F-25　第 8 题有效数据统计表

选项	小计	比例
岗位认知实习	44	70.97%
跟岗实习	40	64.52%
顶岗实习	49	79.03%
订单班	41	66.13%
相关课程	30	48.39%
文化大讲堂	28	45.16%
企业兼职工程师授课	34	54.84%
大国工匠进校园	30	48.39%
学徒制	5	8.06%
其他	0	0%
本题有效填写人次	62	

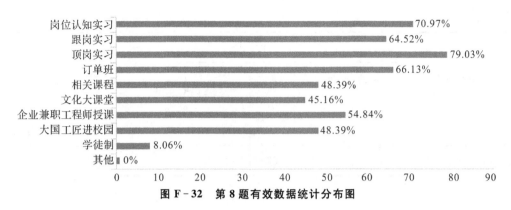

图 F-32　第 8 题有效数据统计分布图

第 9 题　贵校更看重实习生在实习期间哪些能力的提升？（排序题）

调查的有效数据见表 F-26，如图 F-33 所示。

表 F-26　第 9 题有效数据统计表

选　项	平均综合得分/分
个人岗位职业能力	6.05
技术支持业务能力	5.63
沟通表达与团队工作	5.53
技术创新能力	5.27
责任感	4.85
态度与习惯	3.82
价值观	2.87
应用实践能力	2.74
其他	0

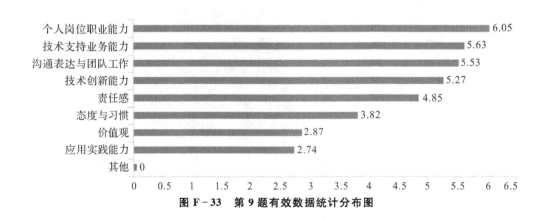

图 F-33　第 9 题有效数据统计分布图

第 10 题　贵校对以下哪些校企合作的实施效果仍有不满意？（多选题）
调查的有效数据见表 F-27，如图 F-34 所示。

表 F-27　第 10 题有效数据统计表

选　项	小计	比　例
教学改革	28	45.16%
专业设置（调整）论证	26	41.94%
人才培养方案制定	29	46.77%
课程建设、开发与实施	29	46.77%
应用研发及科研项目合作	37	59.68%
校企人员双向流动	36	58.06%
教学质量监控与评价	20	32.26%
实验室（技术中心）建设	18	29.03%
实践、实习基地建设	25	40.32%
教学资源建设	22	35.48%
捐资助学	18	29.03%
招生就业	11	17.74%
其他	0	0%
本题有效填写人次	62	

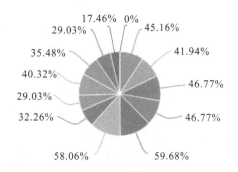

图 F-34　第 10 题有效数据统计分布图

第 11 题　贵校对校企合作效果不满意的原因包括？（多选题）

调查的有效数据见表 F-28,如图 F-36 所示。

表 F-28　第 11 题有效数据统计表

选　项	小计	比　例
缺乏政府相应的政策引导、支持和法律规范约束	36	58.06%
缺少平台对接校企需求	36	58.06%
企业主动性不强	36	58.06%
高校主动性不强	22	35.48%
企业缺乏相应的保障、管理机制	35	56.45%
高校缺乏相应的保障、管理机制	17	27.42%
企业在人才储备方面没有达到预期效果	22	35.48%
企业在技术转化方面没有达到预期效果	15	24.19%
企业在共享学校资源方面没有达到预期效果	13	20.97%
学校在提升教师、学生实践能力方面没有得到预期效果	21	33.87%
学校在横向科研开展方面没有得到预期效果	22	35.48%
学校在共享企业资源方面没有得到预期效果	21	33.87%
其他	0	0%
本题有效填写人次	62	

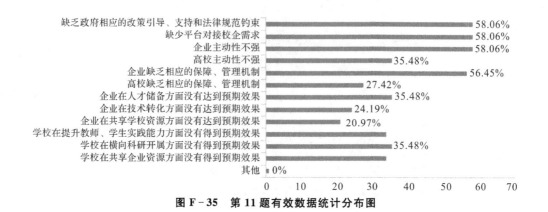

图 F-35　第 11 题有效数据统计分布图

第12题 贵校认为影响校企合作长远、可持续发展的关键因素有哪些?(多选题)
调查的有效数据见表F-29,如图F-36所示。

表F-29 第12题有效数据统计表

选项	小计	比例
双方意愿	48	77.42%
自身实力	33	53.23%
沟通机制	34	54.84%
互惠模式	49	79.03%
政府支持	39	62.9%
其他	0	0%
本题有效填写人次	62	

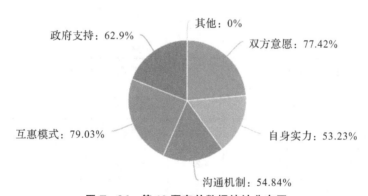

图F-36 第12题有效数据统计分布图

第13题 贵校有校企合作方面的制度吗?(单选题)
调查的有效数据见表F-30,如图F-37所示。

表F-30 第13题有效数据统计表

选项	小计	比例
有	56	91.8%
无	5	8.2%
本题有效填写人次	61	

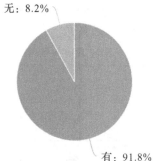

图 F-37 第 13 题有效数据统计分布图

第 14 题 贵校有哪些校企合作方面的制度？（多选题）

调查的有效数据见表 F-31，如图 F-38 所示。

表 F-31 第 14 题有效数据统计表

选 项	小计	比 例
顶岗实习方面的制度	51	82.26%
学徒制方面的制度	35	56.45%
考评制度	29	46.77%
奖励政策	24	38.71%
专项资金支持	17	27.42%
教师下企业挂职锻炼方面的制度	41	66.13%
能工巧匠到学校挂职锻炼	21	33.87%
校企双主体办学制度	19	30.65%
职业教育集团化教学方面的制度	27	43.55%
本题有效填写人次	62	

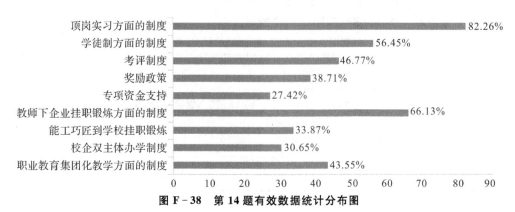

图 F-38 第 14 题有效数据统计分布图

第15题 您认为当前促进校企合作重要的保障是什么？请按重要顺序排列。（排序题）

调查的有效数据见表F-32,如图F-39所示。

表F-32 第15题有效数据统计表

选项	平均综合得分/分
国家法律法规的约束	3.84
校企双方的协议合同	3.61
政府专项经费支持	2.89
政府行政命令	2.33
校企双方的深厚友谊	2.31
搭建校企合作管理平台	2.20

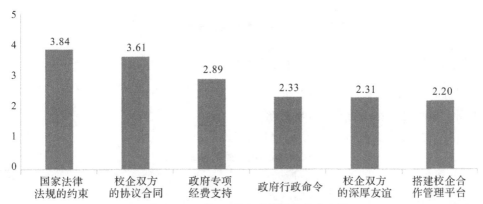

图F-39 第15题有效数据统计分布图

第16题 贵校认为调动企业深度参与校企合作积极性,亟待完善哪些方面的工作？请按重要顺序排列。（排序题）

调查的有效数据见表F-33,如图F-40所示。

表F-33 第16题有效数据统计表

选项	平均综合得分/分
从法律层面,加大经费支持力度,提高企业参与积极性	4.30
尽快构建校、企、行、政各方参与的校企合作管理平台,统一协调管理	3.82
从法律层面,明确企业法定义务,强制和约束企业参与校企合作	3.36
加大理念宣导,让企业充分认识参与职业教育是保障企业长足发展的基础支撑	2.46

续 表

选 项	平均综合得分/分
加强企业自身的制度和机制建设	1.44
突出企业人才培养主体地位,企业办学校	1.43

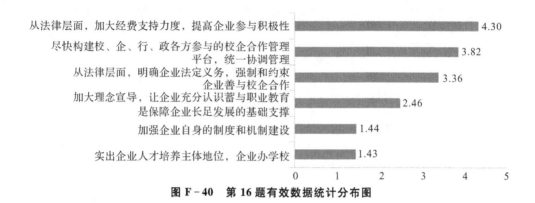

图 F-40 第 16 题有效数据统计分布图

(三)校企合作协同育人调查问卷分析(学生版)

本次调查问卷填写数据的有效学生共有 52 人。

第 1 题 你所就读院校的类型:(单选题)

调查的有效数据见表 F-34,如图 F-41 所示。

表 F-34 第 1 题有效数据统计表

选 项	小计	比 例
本科	2	3.85%
高职或大专	50	96.15%
中专	0	0%
技校	0	0%
其他	0	0%
本题有效填写人次	52	

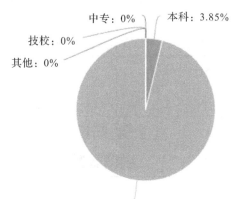

图 F-41　第 1 题有效数据统计分布图

第 2 题　在校学习期间,学校组织的校企合作有关活动有哪些?(多选题)

调查的有效数据见表 F-35,如图 F-42 所示。

表 F-35　第 2 题有效数据统计表

选　项	小计	比　例
组织到企业参观学习	32	61.54%
邀请企业工程师、技能大师等做专题讲座	26	50.00%
邀请企业技术人员来校参与实践教学	16	30.77%
组织与专业有关的社会调查	8	15.38%
组织企业招聘见面会	36	69.23%
不清楚	5	9.62%
本题有效填写人次	52	

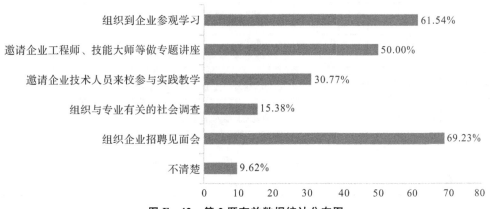

图 F-42　第 2 题有效数据统计分布图

第3题 在校学习期间,你了解所学专业对应的工作岗位及其要求吗?(单选题)
调查的有效数据见表 F-36,如图 F-43 所示。

表 F-36 第3题有效数据统计表

选 项	小计	比 例
很了解	5	9.62%
比较了解	19	36.54%
基本了解	27	51.92%
不知道	1	1.92%
本题有效填写人次	52	

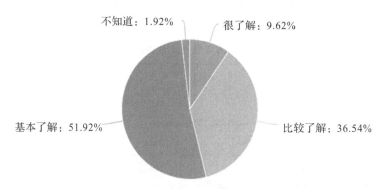

图 F-43 第3题有效数据统计分布图

第4题 在校学习期间,你对今后工作岗位的了解是通过哪些途径获取的?(多选题)
调查的有效数据见表 F-37,如图 F-44 所示。

表 F-37 第4题有效数据统计表

选 项	小计	比 例
在校期间专业学习	32	61.54%
学院专门组织专业教育	18	34.62%
企业工作人员介绍	19	36.54%
到企业参观实习学习	18	34.62%
自己调查	26	50.00%
其他	0	0%
本题有效填写人次	52	

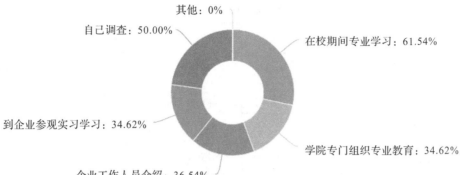

图 F-44　第 4 题有效数据统计分布图

第 5 题　你是通过哪些途径到企业实习的？（多选题）

调查的有效数据见表 F-38，如图 F-45 所示。

表 F-38　第 5 题有效数据统计表

选　项	小计	比　　例
学校统一安排	32	61.54%
自己联系的	12	23.08%
家长、亲戚朋友介绍	7	13.46%
企业来学校招聘	26	50.00%
其他	2	3.85%
本题有效填写人次	52	

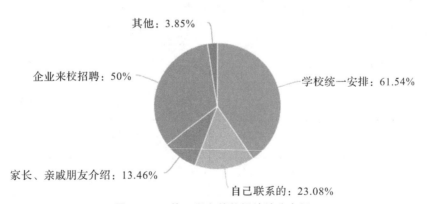

图 F-45　第 5 题有效数据统计分布图

第 6 题　你参加过几次学校安排的企业单位实习？（单选题）

调查的有效数据见表 F-39，如图 F-46 所示。

表 F-39 第 6 题有效数据统计表

选项	小计	比例
从来没有	14	26.92%
一次	32	61.54%
二次	5	9.62%
三次以上	1	1.92%
本题有效填写人次	52	

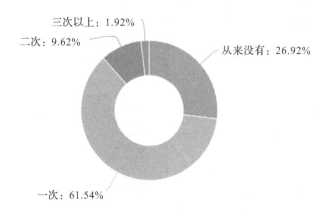

图 F-46 第 6 题有效数据统计分布图

第 7 题 你在企业单位实习总共有多长时间？（单选题）
调查的有效数据见表 F-40，如图 F-47 所示。

表 F-40 第 7 题有效数据统计表

选项	小计	比例
一个月左右	30	57.69%
2~3 个月	13	25.00%
一个学期	5	9.62%
一年时间	4	7.69%
一年以上	0	0%
本题有效填写人次	52	

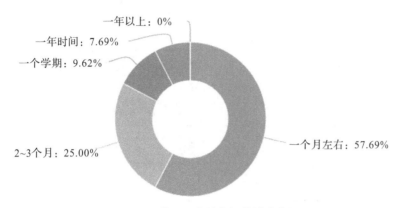

图 F-47 第 7 题有效数据统计分布图

第 8 题 你在企业单位实习过程中,有没有参加岗位认知顶岗实习?(单选题)
调查的有效数据见表 F-41,如图 F-48 所示。

表 F-41 第 8 题有效数据统计表

选 项	小计	比 例
有,到企业直接顶岗	6	11.54%
有,经过企业岗位培训后顶岗	17	32.69%
有,但机会不多,只能偶尔顶岗操作	6	11.54%
基本没有	23	44.23%
本题有效填写人次	52	

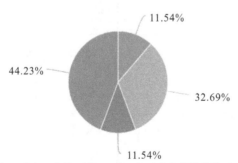

图 F-48 第 8 题有效数据统计分布图

第 9 题 在企业实习过程中,有无企业师傅指导?(单选题)
调查的有效数据见表 F-42,如图 F-49 所示。

表 F-42　第 9 题有效数据统计表

选项	小计	比例
以自己动手操作为主,师傅一旁指导	26	50.00%
以师傅操作示范为主,自己旁观学习	20	38.46%
师傅基本不指导	6	11.54%
其他	0	0%
本题有效填写人次	52	

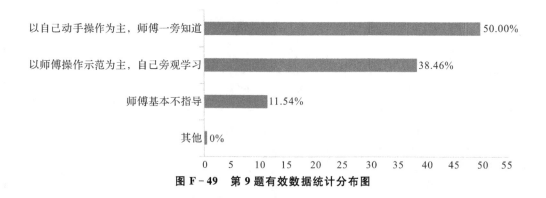

图 F-49　第 9 题有效数据统计分布图

第 10 题　你认为实习对专业学习或专业技能提高有作用吗?(单选题)
调查的有效数据见表 F-43,如图 F-50 所示。

表 F-43　第 10 题有效数据统计表

选项	小计	比例
非常有帮助	23	44.23%
比较有帮助	25	48.08%
帮助不大	1	1.92%
没有帮助(请写出简短说明)	3	5.77%
本题有效填写人次	52	

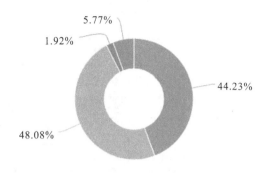

■非常有帮助 ■比较有帮助 ■帮助不大 ■没有帮助(请写出简短说明)

图 F-50　第 10 题有效数据统计分布图

第 11 题　在实习阶段,学校是怎样做的?(单选题)
调查的有效数据见表 F-44,如图 F-51 所示。

表 F-44　第 11 题有效数据统计表

选项	小计	比例
实习指导老师定期跟踪指导	25	48.08%
学校老师定期看望	8	15.38%
要求学生定期返校汇报	9	17.31%
实习小组长定期汇报	6	11.54%
其他	4	7.69%
本题有效填写人次	52	

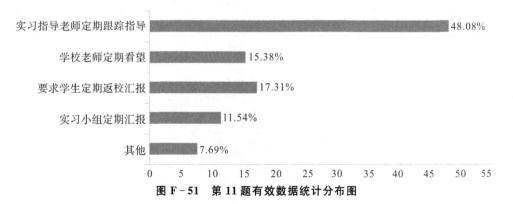

图 F-51　第 11 题有效数据统计分布图

第 12 题　在企业实习过程中,你接受了下列哪些培训?(多选题)
调查的有效数据见表 F-45,如图 F-52 所示。

表 F-45　第 12 题有效数据统计表

选项	小计	比例
学校组织上岗前培训	22	42.31%
企业人员进行岗位培训	30	57.69%
有学校专业教师参与的企业岗位培训	13	25.00%
其他	1	1.92%
本题有效填写人次	52	

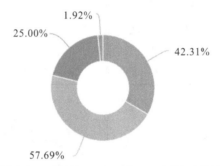

图 F-52　第 12 题有效数据统计分布图

第 13 题　你是由学校统一安排到企业实习的吗？（单选题）

调查的有效数据见表 F-46，如图 F-53 所示。

表 F-46　第 13 题有效数据统计表

选项	小计	比例
是的	32	62.75%
不是，我自己找的实习单位	19	37.25%
本题有效填写人次	51	

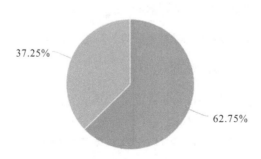

图 F-53　第 13 题有效数据统计分布图

第14题　企业实习期间能够尽心负责地培养你吗？（单选题）

调查的有效数据见表 F-47，如图 F-54 所示。

表 F-47　第 14 题有效数据统计表

选项	小计	比例
是的，企业很负责	26	50.98%
是的，师傅很负责	13	25.49%
不是，企业，对培养学生积极性不高都是应付差事	8	15.69%
不是，师傅，对培养学生积极性不高都是应付差事	4	7.84%
本题有效填写人次	51	

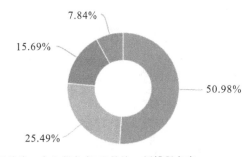

图 F-54　第 14 题有效数据统计分布图

第15题　你对企业实习期间的哪些权益保障感到满意？请按重要顺序排列。（排序题）

调查的有效数据见表 F-48，如图 F-55 所示。

表 F-48　第 15 题有效数据统计表

选项	平均综合得分/分
学到了技术	3.35
工资有保障	1.37
工作休息时间有充分的保障（每天工作 8 小时，每周至少有一天休息）	1.20
为我提供了工伤保障（实习期间的意外保险等）	0.92

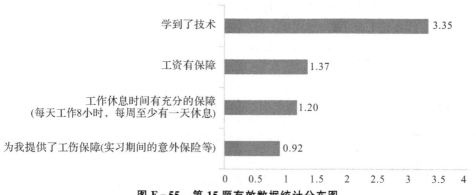

图 F-55　第 15 题有效数据统计分布图

第 16 题　你认为保障实习效果应该完善哪方面的工作？请按重要顺序排列。（排序题）调查的有效数据见表 F-49，如图 F-56 所示。

表 F-49　第 16 题有效数据统计表

选　项	平均综合得分/分
签订实习协议，保障学生权益	2.75
完善考评制度，激励约束实习老师，尽职工作	1.96
采取技术比武，提高学徒学习的积极性	1.31
完善立法，提高企业参与校企合作的积极性	1.16

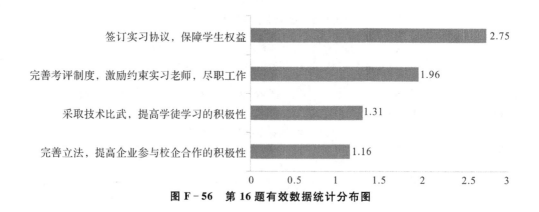

图 F-56　第 16 题有效数据统计分布图

参 考 文 献

[1] 李梦龙.创新是美国"工匠精神"的核心[N].洛阳日报,2016-11-24.
[2] 刘维涛.让工匠精神涵养时代气质——弘扬工匠精神大家谈[N].人民日报,2016-06-21(20).